从明天起，做一个幸福的人

喂马、劈柴，周游世界

从明天起，和每一个亲人通信

告诉他们我的幸福

幸福练习册

终其一生，

女人都在克服孤独感，

男人都在战胜失败感。

拥抱自己，赞美爱人

回归内心，通过由内向外的四个步骤来慢慢接纳自己。

1. 找一个没人的时间，一个能让你放松的地方，全身心放松，回想小时候那个对生活不安、恐惧、感受不到爱的自己。

2. 当你意识到自己的紧张、恐惧和脆弱时，张开双臂，用力拥抱自己5分钟，体会一下那种被自己紧紧拥抱的感觉。然后，对自己真诚地说出一番鼓励、信任的话。

3. 分别写出你最喜欢的人和最不喜欢的人的特质。看看优点你能不能努力去得到，缺点你能不能包容，写下你的看法和态度。然后，写下你的爱人吸引你的特质，看看他最吸引你的地方是什么。

你喜欢的人	特质	这些特质你是否具有，能否努力拥有或包容？
	1.	
	2.	
	3.	
	4.	
	5	

你不喜欢的人	特质	这些特质你是否具有，能否努力拥有或包容？
	1.	
	2.	
	3.	
	4.	
	5	

你的爱人	特质	这些特质你是否具有，能否努力拥有或包容？
	1.	
	2.	
	3.	

4. 找一个安静闲暇的时间，把爱人吸引你的特质充满感情地、真诚地告诉他。

爱的抱抱，做最亲密的彼此

想要享受亲密关系的快乐，你要做到以下四点：第一，学会宣泄，摆脱枷锁；第二，接纳过去，停止抱怨；第三，唤醒热情，奖励自己；第四，打开身体，拥抱自己。

今天的你宣泄了吗？

你放下了哪些往事？

哪些抱怨的话到嘴边停住了？

有没有给爱人一个大大的拥抱？

自我提升计划三阶段

1. 感恩之夜

选一个对你有一定影响，你却从来没有感谢过的人，写下一段感恩的文字。写好之后，看着他的眼睛读给他听。

把你的感恩之语写下来吧！

亲爱的__________：

2. 快乐之旅

和你的爱人或父母、朋友去一个大家都喜欢的地方，一起过一个不一样的周末，不关心工作，把手机“遗忘”在家里，全身心地陪他们一起玩。

3. 分享之日

做完这两件事情后，请把你愉悦的感受分享给一个你最好的朋友。

你有什么感受？记录一下吧。

不评论，只观察！记录他／她的表达方式

1. 找一位你身边最亲近的异性，请他／她喝咖啡或者吃饭，听他／她聊天，让他／她聊一件感觉不爽的事，并记录下来。

2. 从对方开口讲事情，你就不能有一句评价、一句建议，必须耐心且认真地听，如果你实在忍不住想要说话，那就重复对方刚刚说完的那句话吧。比如对方说“我最近心情超级不好”，你就说“你最近心情超级不好”。

他／她和你是什么关系？

他／她的烦恼是什么？

他／她说了哪些话？

策划一次让人感觉温暖的晚宴

用心策划一场美妙无比的晚宴，可以邀请你的朋友一起，可以来一场大家庭聚会，也可以只和爱人一起。在这场晚宴上，你要满足大家的需求，让当晚到场的人感觉到温暖。

如果你已经按要求做了练习，那就来记录一下你在这次晚宴中感受和学到了什么吧。如果还没有做，也请你有机会去尝试一下。

你邀请了谁？

你们在哪里举办的晚宴？

你为这次晚宴做了什么准备？

你们一起谈论了什么？

你有什么收获？

制造浪漫，只谈情，不谈事！

1. 如果你是男性，用心制造一次浪漫的机会，哪怕是为她买份小礼物。

2. 如果你是女性，真心赞扬一下他最近的表现，想想自己是不是很久都没有认可他了。

3. 偷偷买两张电影票，看一场爱情影片，借机回忆一下彼此的爱情点滴。

你做了什么？

他/她有什么表现？

三天，不批评一句，你能坚持吗？

随着两个人熟悉程度的加深，赞美越来越少，批评指责越来越多，所以这次的练习需要你在此后的三天中，不批评对方一个字，也不对对方有一点点的抱怨。坚持三天，看看效果怎样。

这三天，你有什么感受？

他/她有什么感受？

为一件你感到有压力的事件做侧写

列出一个近期你感受到有压力的事件，好好梳理，为它做一个侧写。

1. 这件事的压力来源于身体，价值，还是关系？

2. 评估一下你对这件事的期望值，你是否有能力或方法满足自己的期望？

3. 如果暂时没有能力与方法满足你的期望，尝试列举能够达到这个能力的行动计划。

你的压力

压力来源

1.

2.

3.

期望值

1.

2.

3.

行动计划

1.

2.

3.

你以前解决冲突的方式用对了吗？

1. 回顾一下过去发生的冲突，你是用哪种形态来处理冲突的？

2. 找一个合适的时间，与自己的爱人坐下来，开启一段真诚的对话，表明自己的立场，并挖掘自己和爱人的深层需求。

3. 本着双方共赢的目标，形成一个家庭行动方案。

你的家庭行动方案

办一次“温暖晚宴”，只倾听，不诉说！

请邀请你的爱人（或异性朋友）他出席一次你的“温暖晚宴”，耐心地听他/她讲话。不管他/她讲什么，你都要认真地听，完全以他/她为主角，说话也只能围绕他/她的话题内容来进行。

他/她说了什么?

你对他/她有没有什么新的了解，是你以前没有发现的?

制作你的“爱情心愿单”

选一个甜蜜小技巧，制作一份爱情心愿单，跟你的另一半一起完成。如果你还单身，也请为自己制作并完成这个“爱情心愿单”。

想要一起做的事	具体计划	计划完成时间
1.		
2.		
3.		
4.		
5.		

想要一起做的事	具体计划	计划完成时间
6.		
7.		
8.		
9.		
10.		

你和爱人的背对背问答

为了让已婚或恋爱中的你们增进对彼此的了解，分别来做一下这个背对背问答吧。

女生版·背对背问答

1. 你的爱人是一个什么样的人？（按照你心里的想法排序：最符合、其次、次之、再次之）

A.有魅力的人　　B.为人随和，善于合作
C.为人坚定，不易屈服　　D.亲切、令人愉快的人

2. 我是一个什么样的人？（按照你心里的想法排序：最符合、其次、次之、再次之）

A.有魅力的人　　B.为人随和，善于合作
C.为人坚定，不易屈服　　D.亲切、令人愉快的人

3. 在与他人的交往中，我有什么表现？（按照你心里的想法排序：最符合、其次、次之、再次之）

A.我喜欢与他人相处　　B.我能容忍他人犯错
C.我对自己的能力有把握　　D.我避免正面冲突的场面

4. 在于他人的交往中，你的爱人有什么表现？（按照你心里的想法排序：最符合、其次、次之、再次之）

A.他/她喜欢与他人相处　　B.他/她能容忍他人犯错
C.他/她对自己的能力有把握　　D.他/她避免正面冲突的场面

I Know You

5. 你给爱人买了一件礼物，而他/她并不喜欢，你认为可能的原因是：

A. 我没有好好用心去想应该买什么

B. 他/她可能当时心情不好

6. 你的爱人给你买了一件礼物，而你并不喜欢，你认为可能的原因是：

A. 他/她没有好好用心去想应该买什么

B. 我可能当时心情不好

7. 你的爱人最喜欢的食物和饭店叫什么？

8. 你的爱人空闲的时候喜欢外出旅游还是宅在家里忙自己的事情，或者是其他？

9. 你最喜欢爱人的哪个朋友？

10. 爱人最喜欢你的哪个朋友？

I Know You

男生版 · 背对背问答

1. 你的爱人是一个什么样的人？（按照你心里的想法排序：最符合、其次、次之、再次之）

A.有魅力的人　　B.为人随和，善于合作
C.为人坚定，不易屈服　　D.亲切、令人愉快的人

2. 我是一个什么样的人？（按照你心里的想法排序：最符合、其次、次之、再次之）

A.有魅力的人　　B.为人随和，善于合作
C.为人坚定，不易屈服　　D.亲切、令人愉快的人

3. 在与他人的交往中，我有什么表现？（按照你心里的想法排序：最符合、其次、次之、再次之）

A.我喜欢与他人相处　　B.我能容忍他人犯错
C.我对自己的能力有把握　　D.我避免正面冲突的场面

4. 在于他人的交往中，你的爱人有什么表现？（按照你心里的想法排序：最符合、其次、次之、再次之）

A.他/她喜欢与他人相处　　B.他/她能容忍他人犯错
C.他/她对自己的能力有把握　　D.他/她避免正面冲突的场面

5. 你给爱人买了一件礼物，而他/她并不喜欢，你认为可能的原因是：

A.我没有好好用心去想应该买什么
B.他/她可能当时心情不好

I Know You

6. 你的爱人给你买了一件礼物，而你并不喜欢，你认为可能的原因是：

A.他/她没有好好用心去想应该买什么

B.我可能当时心情不好

7. 你的爱人最喜欢的食物和饭店叫什么？

8. 你的爱人空闲的时候喜欢外出旅游还是宅在家里忙自己的事情，或者是其他？

9. 你最喜欢爱人的哪个朋友？

10. 爱人最喜欢你的哪个朋友？

用“魔力倾听四步法”沟通一件事

想一件平时你和爱人需要沟通的事，想想他一般第一句说的是什么，然后根据“魔力倾听四步法”把你的倾听和思考过程写下来，特别是写下你以前的想法以及积极考虑他需要什么之后的新想法，看看与你之前说的话相比，现在有什么更好的表达。

这是件什么事？他/她说了什么？

1.听
与对方有关的对方的看法

2.思
与对方有关的我的看法

3.思
与我有关的对方的看法

4.说
与我有关的我的看法

揭秘神奇的大脑，将矛盾消解于最初

1. 找一段夫妻或情侣吵架的视频，比如你看过的电视剧中的桥段，或者你最近刚刚与你的爱人吵架的情形。

2. 把两人之间的对话写下来。不用太多，最多 10 句对话就可以了。

3. 一句一句地在这些句子后面分析出当时说话人的想法和感受，以及他应该怎么说才能化解这个矛盾。

你们的对话	你和对方的内心感受	修正你们的对话
1.	1.	1.
2.	2.	2.
3.	3.	3.
4.	4.	4.

你们的对话	你和对方的内心感受	修正你们的对话
5.	5.	5.
6.	6.	6.
7.	7.	7.
8.	8.	8.
9.	9.	9.
10	10	10

今天，做一个“空气人”

用一天的时间，做一个“空气人”，克服以自我为中心的坏习惯。

从早上起床开始，今天你说的所有话里都不能有一句以“我”字开头的话，特别是与爱人在一起的时候。比如你想说“我觉得……”，那就把它变成“你觉得……可以吗？”总之，绝对不能用“我”来开头说话。

你今天有什么感受？

拿起笔，写给昨天的自己

找一个安静的地方，放一段轻柔的音乐，慢慢放松，向内看你自己，想想你是谁，5岁的你什么样，现在的你什么样，你最大的变化是什么，你最爱自己的地方是什么，你感激过生命中那么多人，有没有好好感激过自己？

慢慢地放松5分钟，然后提笔给自己写一封信，像过去给恋人写信那样，温柔地、关爱欣赏地把你对自己的爱表达出来。

从明天起，做一个幸福的人

周小鹏 著

From tomorrow on,
I will be a happy man

江苏凤凰文艺出版社
JIANGSU PHOENIX LITERATURE AND ART PUBLISHING, LTD

目录
CONTENTS

序

前往幸福的路上

很高兴在这里遇见你，当翻开这本书的时候，你就已经走在了通往幸福的路上。从现在开始，我们有了一致的目标——让我们生活得更加幸福。

在这本书里，我会带领你找到让你感觉不幸福的源头。首先，通过深度挖掘，你会找寻到更强的自我能量，在更爱自己的基础上，提升爱他人的能力。然后，你需要理解男女思维模式的差异，理性分析你的两性关系，升级你的情商系数。最后，我会教你经营爱情的方法，让你通过改良沟通方式提升自己的魅力值。用读这本书的时间，我希望陪你一起，从内到外，开启你自己的幸福人生。

这本书是《能使你心智成熟的情感沟通课》线上课程的文字版，但在成书的过程中，我补充了更为详细的案例分析和方法指导，力图将本书打造成一本让人人都能掌握幸福技能的实用书籍。所以，无论你是听过我讲的线上课的先行者，还是依然迷茫的情感小白，都可以从中找到适合自己的幸福指南。

关于“幸福”的定义，可谓众说纷纭。很多时候，我们喜欢看鸡汤文章，从中寻找共鸣和安慰，却很少有人能找到一套科学可行的方法论，来帮助我们改善自己的感情现状，而这就是我写作这本书的内在动力。此外，《通往幸福的心理必修课》自上线以来，得到了广大听众的推崇和好评，这也给了我很大的信心，支持我把这本书推向市场。

很多学员问过我，我为什么要学心理学？答案很简单，那就是因为我失恋了。2001 年，我失恋了，从此也开始了心理学的学习之路，我想知道人为什么要谈恋爱，为什么会失恋，怎么做才能拥有稳定幸福的爱情和婚姻。也是因此，从 2005 年正式做心理咨询工作，我就开始专攻婚恋情感心理咨询。

在做情感咨询时，与所有的来访者第一次见面，我就会告诉他们，在他们描述个人的困惑和想解决的问题前，我需要先了解三个方面的内容。第一，他的原生家庭，也就是他从小到大跟谁一起生活，父母的关系怎样，父母做什么工作，对父母的评价，等等；第二，他的职业，平时工作压力大不大，怎么与同事沟通，这个行业的人大致的价值观标准是什么；第三，他的恋爱史和现在的恋情，如果单身那只说恋爱史就行。这三部分的内容，有助于我对客户做一些基本了解，以便更好地解决问题。因为我们常说，咨询不是就一个问题解决问题，而是要了解这个人的全面情况，才可以给出合理的分析和建议，正所谓不能只是"头痛医头，脚痛医脚"。

这么多年，我看过很多不幸福的脸庞，也看过很多人从痛苦中坚强地站起来后绽放的笑颜。

记得有一年的冬天，我的咨询室来了一位已婚的女士，丈夫在她怀孕期间出轨了。在她的描述中，丈夫觉得第三者年轻漂亮，善解人意，而她在丈夫眼里一无是处，无论是外表还是内心。

当时的她，已经放弃了自己高薪的工作在家做全职太太，一心一意地为孩子的降临做着准备。她说，她完全没想到自己的付出换来的竟是丈夫的早出晚归和日渐冷淡。

那年，她刚满 30 岁，却是一副饱经沧桑的模样，我能感觉到她内心极度的悲伤和对未来的迷茫。因为丈夫的不忠，再加上全职在家无事可做，她找不到人生的目标，精神世界变得非常空虚，一点自信都没有。

事实上，有很多人跟她一样，在婚姻中，在爱情里迷失了自己，找不到自己的优势，认为自己只配过这种"痛苦"的生活，觉得一旦离开另一半就再也找不到幸福，而恰恰就是这些念头，让她们与幸福生活渐行渐远。

所以，在接下来的这些文字里，我会结合自己 16 年来学习心理学、做心理咨询的经验，运用积极心理学、普通心理学、行为学的方法，陪你一起提升你的自信和幸福力，帮助你在婚姻和爱情中获得幸福。

这本书的内容，不仅能让你懂得一些道理，同时也需要你做一些练习，将所学的内容落实到生活中。所以每节课后我都设计了练习作业。有一句话我相信你应该听过，“道理谁都懂，可不一定做得到”，而我布置作业的目的，就是希望通过行为训练，你能得到想要的幸福。

从现在开始，请你对自己做出承诺：“从今天开始，我不仅会认真看书，更会认真练习。”（这句话你一定要读出来哦，千万不要看过了就看过了，一定要读出来，训练从现在就开始啦！）

好了，让我陪着你，一起开启你的幸福之旅，走吧！

第 1 课

是谁
悄悄遮住了
你的双眼？

女生兴冲冲地来找男朋友，发现男朋友在与一个女性很亲密地聊天，于是便以为他劈腿了，伤心地哭着跑开，最后却发现那个女性是男朋友的姐姐。

或者是结婚多年的夫妻，丈夫因为工作上的原因而苦闷不乐，每天回家都很晚，也不怎么说话。于是妻子就认定丈夫不爱自己了，甚至认为他出轨了，无论丈夫怎么解释都不相信，最后让整个婚姻都摇摇欲坠。

这两个情景都是电视剧中很经典的桥段，但不得不说，这在生活中也时有发生。我们总是根据自己的感觉去猜测，看不到真相，甚至面对真相也不相信。而以这种现象为基础，我们就来探讨一下，在爱情或婚姻里，为什么你总是看不到真相?

你看到的，是你的心

看到“为什么你总是看不到真相”时，你是不是在想，我怎么会看不到真相呢？我又不是那种乱说乱猜的人，我都是依据事实说话的。

既然你这么想，那我们就先来看一幅图片。你仔细看看下面这幅图片，然后回答后面的问题。

好，你自信地看完这幅图片了，你觉得图片中的这个女人为什么掩面？我给你 A、B、C 三个选项，你认为哪种说法最符合图片的真相？只能三选一哦。

A. 她发现了丈夫的婚外情，很难过；

B. 她丈夫又一次喝得烂醉躺在床上，她很忧虑；

C. 她丈夫重病卧床，可能即将死去，她非常难过。

现在，你是不是已经选好了答案？

你认为答案应该是 A，她的丈夫回来倒头就睡，而她发现了丈夫的婚外情，非常难过，她完全没有想过丈夫会做出这种事！

不对，不对，你可能在摇头，觉得答案不是 A，应该是 B，她的丈夫喝醉了。他这种仰躺的姿势一看就是喝得烂醉如泥，衣服都不脱就直接躺下睡觉了，你认为她是在为了丈夫经常酗酒而忧虑。

你又觉得 C 似乎也有道理。她丈夫生了重病，甚至已经放弃了希望，随意地躺着，她很伤心。

或者，你觉得上面三个答案都不对，你在等我告诉你正确答案。

那好，正确答案就是，不管你选择 A、B、C 哪一个，都没错。

你肯定很疑惑我为什么这么说，会琢磨这是不是什么测试。的确，这就是一个测试，这个测试的答案就是你说什么就是什么，因为你的选择代表了你内心所想的。

以上就是心理学上著名的主题统觉测验（Thematic Apperception Test），简称 TAT，是在 1935 年由美国心理学家默里为了研究人的性格而编制的。

主题统觉测验属于投射法个人测验，它是通过一系列模糊的图像来激发被测验者投射出内心的幻想和精神活动，从而呈现出被测验者的内心和自我。

这套测验共有 30 张内容隐晦的黑白图片和一张空白卡片。图片的内容以人物或景物为主，每张图片都标有字母号，并按年龄、性别将其组合成四套测验题（其中有些照片是共用的）。每套测验题 20 张，且分为两个系列，每系列各 10 张，分别用于男人、女人、男孩和女孩。

测验进行时，测验者按顺序逐一出示图片，要求被测验者根据每一张图片都自由讲述一个内容生动、丰富的故事。

被测验者讲的故事必须包含以下四个基本维度：❶图片描述了一个怎样的情境；❷这一情境是如何发生的；❸故事中的人物在想什么；❹故事的结局会怎样。

在这一测验中，被测验者在讲故事时会将自己的思想感情投射到图片中的主人公身上，因此测验者就能对其人格特征等进行分析。

如果用白话来解释什么是 TAT 测验，那就是我们常说的那句话——你看到的不是你看到的，而是你想看到的或者你曾经经历过的。

这不禁让人想到“投射”在心理学上的意义，即个体依据自己情绪的主观指向，将自己的特征转移到其他人的身上。简单举个例子，小时候你路过一家店，看到一款新出的冰激凌，明明是你自己想吃，却和妈妈说弟弟想吃。

苏东坡和佛印也有一个关于投射的出名的小故事。苏东坡非常喜欢谈佛论道，与佛印禅师一直关系很好。有一天，苏东坡去拜访佛印，问他：“你看我像什么？”佛印说：“我看你像一尊佛。”苏东坡听完哈哈大笑，接着问佛印：“你知道我看你像什么吗？”佛印说：“不知道。”苏东坡看佛印穿着黄色的袈裟，于是促狭地说：“我看你像一坨屎。”佛印听后笑了笑什么也没说。苏东坡很得意，回家后见到苏小妹，就跟她说自己今天如何用一句话噎住了佛印。苏小妹听完摇着头说："哥哥，人家佛印心中有佛，所以看你像佛；而你心中有屎，所以看别人也是一坨屎。"

类似的例子生活中还有很多，而看到这里，你可以停下来仔细想想，你有没有经历过类似的事情。

我再说一次，心理学中"投射"的意思是，你在别人身上看到的不好，很多是因为你自己的防御机制或性格中不好的一面导致的，你对别人的曲解，有可能就是对自己的不认同。就像刚才你看的这幅图片，当这幅图唤起你曾经的情绪体验，让你记起曾经的遭遇时，你就会自然而然地认为她也正在经历着与你相同的事情。

即使很用心，你看到的还是假象

为了让你更清楚地了解上面的内容，再来看看下面的图片。

你觉得图片中是一位什么样的女性？应该是孕妇吧。我想你肯定跟我想的一样，如果在地铁上看到这样一位女性，你肯定会毫不犹豫地让座。

现在看看完整的图片。

你是不是在笑？天哪，原来只是一位抱着衣服准备去洗的女性啊。但别笑，我们再来看看这幅图片。

仔细看，你看到了什么？

青蛙，是吧？你能肯定地说图中有一只青蛙，一只趴在草丛中的青蛙。但如果现在我把图片逆时针旋转 90°，你又看到了什么呢？

一匹马，对吧？现在你觉得它真的就是一匹马。

从第一幅图的角度看，图中有一只青蛙，但逆时针旋转 90° 后，它变成了一匹马。

你是不是觉得现在有一点打破了以前的固有观念？原本你坚定地认为是对的东西，换一个角度看，竟然就完全不一样了。

仔细想想，在以前的生活中，你是不是就常常这样固执地认为自己看到的就是真相，自己看到的就是真理，自己说的就是百分之百地正确？

我有一个咨询客户叫晓瑾，她来找我的时候愁容满面，黑眼圈很严重，整个人都没有什么精神，谁都能看得出来她的身体状况不是很好。

在我们聊天的过程中，晓瑾一边委屈难过地哭着，一边又特别坚决地跟我说，她必须要离婚，因为她丈夫有外遇，她接受不了这件事。而最让她痛苦的是，她丈夫根本不承认自己做过的事情，她很痛苦地说："他做错了事，为什么就是不肯承认，为什么还要欺骗我？”

我让晓瑾具体讲讲事情的前因后果。她说，前阵子就觉得两人的感情不是很和睦了，丈夫最近总是借口加班晚归，而且回家也基本不跟她说话，他们俩已经很久没有亲热过了。

晓瑾说，有一天她在自己家附近看到一个年轻漂亮的女生从丈夫的车里下来，丈夫还和这个女生有说有笑地道别，当时她就觉得不对劲儿。

第二天，她在丈夫的支付宝聊天记录里又看到这个女生跟他的对话，那个女生说：“我那天下车被我同学看到了，她们都说我男友真帅。”看到这话她就彻底忍不住了，拿着手机质问丈夫这个女生是谁，然后又哭又闹地说自己这么信任他，觉得他是老实人，没想到也会有外遇。她的丈夫不停地解释说这个女生是他同事，因为住处跟他们家就隔了两条马路，那天下班一时好心，就顺道送她回家了，他们之间真的什么乱七八糟的关系都没有，就是单纯的同事。可晓瑾就是不相信，她认为同事都应该用微信沟通，但他们俩居然没用微信，而是用大家不常用的支付宝聊天，这样做不就是怕被查吗，这样刻意隐瞒，不是出轨是什么？

不管晓瑾的丈夫怎么解释，晓瑾都认为他是在撒谎。所以从发生这件事起，晓瑾每天都像防狼一样紧紧地看着丈夫，没事就翻他的手机查看聊天记录，还总是限制他外出应酬，但凡他要出去，她就会施展夺命连环Call，还会用手机定位查岗。

之后，她甚至说要到丈夫的工作单位找那个女生当面对质，让他俩难堪。这件事闹到最后，不仅是晓瑾自己，她的丈夫也非常痛苦，最后两人真的差一点离婚。

而在这次咨询中，我们也了解到，真的就像晓瑾丈夫说的那样，他和那个女生就是同事关系，也真的是因为两家离得很近，他才顺路送她回家的。

生活中很多事都是这样，当事人不去看事情的真相，只相信自己认定的事实。就像晓瑾，面对丈夫的一系列可疑行为，她立刻认定是丈夫出轨了，就是因为她曾经遇到过这样的事情，所以她看到的是自己的不幸，是自己的害怕，是自己没有能力得到幸福，而不是真相。

爱的“有罪推定”

在法律中，有一个词叫“有罪推定”。在现代司法价值理念中，有罪推定是被否定的，但在以前，有罪推定就是刑讯逼供最有力的理由，那时人们认定的信条是“宁可错杀不可错放”。虽然现代司法已经不再进行有罪推定，但在我们的生活中，依然有很多恋人、夫妻还在沿用这个准则，他们认定对方是什么样的人，就坚定地认为对方改变不了，永远都是这样的人；他们认为对方做错了事，那对方就一定是个罪人。我的咨询客户晓刚就是这样。

在第一次咨询结束的两天后，他发短信跟我说：“小鹏老师，现在我还是对老婆和她前男友聊天的一些细节无法释怀。说难听点，我还是没那么大度，虽然我老婆发了他们聊天的三段截图给我，一直是说我做得挺好，他们的对话也是在肯定我，但我还是在想这会不会是她在想办法圆这件事，她还是出轨了？！”

这条短信让我想起了第一次见到晓刚的情景，那时我就有种仿佛刚刚看到的蓝天白云瞬间阴霾密布，见不到丝毫阳光的感觉。在咨询室，晓刚一边哭，一边诉说自己的焦虑。

晓刚结婚两年半，孩子现在两岁，晓刚说他的妻子倩倩是一个很强势的女人，家里所有事的主导权都在倩倩手上，而他则小心翼翼地，生怕说错话做错事惹倩倩生气发火。晓刚越哭越难过，他说最近觉得倩倩变了，因为她总在说他俩三观不合，不知道怎么走到一起的。比如看电视剧，晓刚说这部剧里某某演得太垃圾，倩倩就觉得他这么评价不合适；看电影，倩倩想看爱情片，晓刚则认为这是小姑娘看的，不屑一顾，倩倩就说他没情趣。晓刚说，每次倩倩一不高兴，他就觉得自己会失去倩倩，但也不知道怎么哄她开心才好，所以只能什么都不说。

当初追求倩倩的时候，晓刚花了很多心思和工夫，那段时间晓刚几乎就是在随时被打击中度过的。那会儿倩倩一直说晓刚不是自己的菜，但晓刚一直没放弃，可能倩倩年龄大了，也想结婚了，所以最后还是答应了做晓刚的女朋友，并在不久后跟他结了婚。晓刚说，他从追求倩倩到两人结婚就用了 10 个月，但这 10 个月他过得并不开心，始终处于患得患失之中，所以晓刚心里一直觉得自己并不是倩倩最满意的结婚人选。

晓刚说，最近这种感觉被证实了。他发现倩倩和前男友联系上了，虽然晓刚口中的这个倩倩前男友跟倩倩并没有谈过恋爱，但晓刚曾经把他当作自己的劲敌。晓刚偷看了倩倩的微信聊天记录，看到那个男生说“我昨晚梦到你了”，就这一句话，让晓刚联想到之前倩倩出差时的事。那几天，晓刚和她视频，第一天，倩倩接视频慢了些，第二天倩倩又说正在外面跟同学吃饭，也不让同学出镜。晓刚眉头紧锁，像侦探一般仔细揣摩着这两个细节，他一边揣摩一边自言自语：“那天肯定就是他们俩在外地见面，不然倩倩不会支支吾吾不让同学出镜。”晓刚认为他俩肯定有了不正当的关系。

整个咨询的过程中，我不停地问晓刚三个问题：你觉得倩倩是这样的人吗？你有确凿的证据吗？倩倩承认了吗？

不管我问多少次，晓刚都回答说，“倩倩不是这样的人”“我没有证据”“她一直否认我的猜测”。但即便这样，晓刚还是认定倩倩出轨了。在第一次咨询结束后，他还不停地寻找能证明倩倩出轨的蛛丝马迹。

晓刚的这些行为，就是典型的有罪推定，从心理学角度看，为什么晓刚这样的人要坚定地给对方“定罪”呢，这都是源自他们自己过往的失败经验和对失去的恐惧。因为从心理学角度看，我们认定的事实，都是我们大脑加工的结果，这一系列的加工，就是为了让我们避免受伤。

果然，在后来的咨询中，晓刚说，他曾经被初恋女友伤害过，他们分手的原因就是女孩劈腿，她在和晓刚分手之前就和一个比晓刚优秀的男生在一起了。而且晓刚在他和初恋女友租的房子里撞见了他俩裸露的画面，这个场景在晓刚脑中一直不能散去。

当然，晓刚的这个问题，不是一两次咨询能够解决的，从心理咨询的角度看，他对倩倩的不信任，除了因为初恋女友曾带给他创伤，最重要的还是他自己无法跨越这些障碍，而且他对自己也不够了解，总活在消极的自我评价里。倩倩说，她和晓刚一起生活的这几年，就没怎么见晓刚笑过，她觉得晓刚活得很紧张，很焦虑。

你也可以看看你的周围，是不是也有很多像晓刚一样的人，他们总抱怨自己不幸福，抱怨他们得不到自己想要的爱，一直生活在抱怨中。

这些人不停抱怨的内容，其实就像这堂课最开始讲的 TAT 测试一样，测试所呈现的，就是他们自己内心的世界，也就是所谓的“你是什么样的人，就会认为别人是什么样的人；你是什么样的人，就会看到什么样的世界”。比如，你觉得你的伴侣对你失去了热情，可能是因为你早已对他失去了热情；你相亲失败，抱怨对方在相亲中没有一个笑脸，可能是因为你也一样没有笑脸；你觉得周围的人都不喜欢你，可能是因为你自己都不喜欢自己，这样怎么可能让别人喜欢你呢？

一个品德不好的人，就会怀疑别人品德不好；一个对别人不诚实的人，就会怀疑别人对他不诚实；一个经常出轨的人，就会认为别人也会出轨；同样，一个讨厌自己的人，就会觉得所有人都讨厌自己。

更可怕的是，有的人会因此陷入墨菲定律，即如果你担心某种情况发生，那么它就更有可能发生。虽然很多事件是概率事件，但是从心理学角度来看也不是无章可循的。比如我之前所讲的晓瑾，如果她一直怀疑丈夫，久而久之，她的丈夫在家庭中感受不到温暖和信任，两人之间的感情最终也一定会被这样那样的争吵和矛盾完全吞噬。

晓刚呢，他要是一直怀疑倩倩，就可能随时查岗询问，会让倩倩觉得生活在“白色恐怖”中，最后的结果可能就是倩倩直接跟他提离婚，然后晓刚就会认定倩倩不爱自己，当初跟他结婚只是无奈地妥协。

当然，除了直接离婚，还有一种可能，就是倩倩和晓瑾的丈夫都去外面寻找“关爱”，然后分别被晓刚和晓瑾发现。这样，事情的结果就恰恰验证了墨菲定律——你不想什么事情发生，这件事就偏偏发生了。事实上，这也是很多夫妻之间出现第三者的其中一个原因。

就像有一句话说的那样，“当你与自己为敌的时候，你就会认为全世界都与你为敌”。事情的真相到底是什么？没有人能够在开始的时候立刻给出答案，而我们的想法也不是别人能轻易改变的，所以关键还是在于我们自己把问题想通。

回到我们本书的主题，你想要拥有幸福，最重要的是能够先了解自己，了解自己曾经的经历，了解自己内心的需要，了解自己担心害怕的事情，当然，还要了解自己的优缺点，而且，你首先要从你所看见的开始了解自己。

现在，让我来总结一下你总是看不到真相的原因：

1. 你看到的，是你想看到的，不一定是事实；

2. 你看到的，是你过去的经历，不一定是真相；

3. 你看到的，是你自己的担心和害怕，不一定是已经发生的事。

看到这里，你是不是想问我，小鹏老师，那我现在应该怎么做才能看清真相，找到幸福呢？

之前我已经提到过，拥有幸福的能力需要先了解自己。每个人都有积极的一面和消极的一面，这两面都拥有无限的潜能，而你需要认识和接纳这些潜能，只有这样，你才能认清真实的自己。那些可以包容和接纳自己的人，自然就能包容和接纳别人。

实战练习

肯定你的优点，转化你的缺点

看到这里，你最重要的自我训练环节就开始了。你需要在一个安静的环境里，在没有什么事情打扰的时候，完成下面的练习。

1 问问你的伴侣（如果你单身，那就去问问你的好朋友）、父母，你的优点是什么，缺点是什么，记录下他们对你的评价。

2 找一个安静的房间，关掉手机，不要让外界事物打扰你，放一首舒缓的音乐，然后仔细想想，你的优点有哪些，缺点有哪些，同样把它们记录下来。

3 记录完别人对你的评价和你对自己的评价后，总结一下这些优点和缺点。

优点部分：摘出三条你觉得最棒的，让你一看到就感觉温暖且充满力量的优点，把它们记录在“透视镜”这一表格的“优点”一栏。

缺点部分：同样找出三条你认可的，觉得说得很恰当的缺点，把它们记录在“缺点”这一栏。

我希望你写完这部分内容再开始接着阅读这本书。当然，如果你不做这个练习，就想接着把书看下去也可以。但无论如何，我希望你能按照我的要求，找一个你认为恰当的时间把这部分练习完成。你还记得我前面说过的那句话吧，“道理谁都懂，可不一定做得到”，所以做练习真的很关键。

缺点	魔力镜	优点
1.		1.
2.		2.
3.		3.

那换一个角度看，说一个人固执，也等于说这个人做事、做人讲原则，讲标准，不会轻易妥协。所以固执所对应的优点就是讲原则，讲标准。那么，你就把“讲原则、讲标准”写在“优点”那一栏。

又比如说你觉得自己很懒，换一个角度看，懒的人是不是比较懂得享受，懂得让自己休息放松，懂得想其他办法满足自己的需要？就像我经常说的，因为我们懒得出门，又想吃美味的饭菜，才有了各种外卖平台。

也许有人会说：“这不是为自己的缺点找借口吗，长此以往，我真的会变好吗？”从我的观点，在生活中，很多时候我们都是不断地强化认可自己的缺点，而很少认可自己的优点。当一个人看到自己的缺点后，就会开始不停埋怨自己，最后整个人深深陷在自怨自艾的情绪中。一个积极的人，能认清自己的缺点，并能够找到合适的方式，让自己的某些缺点变成优势。而如果一个人看不到自己的缺点对应的优势，是没有办法成长的。埋怨等同于消极，消极往往就意味着这个人没有能量，而一个没有能量的人，也是没法让自己成长的。

所以，缺点这个部分你需要辩证地看，不能一棍子打死，也不能盲目乐观。现在，你来试着找找刚才你写下的三条缺点所对应的优点吧。

第2课

余生太短，要和“温柔”的人在一起

From tomorrow on I will be a happy man

曾风靡一时的电视剧《蜗居》里有一个“一元硬币离婚”的片段。苏淳在超市寄存东西，投了一枚一元的硬币，结果机器出了问题，那枚硬币吐不出来。他回家后把这件事告诉了海萍。

海萍听完后立马大声责问他：“你怎么这么不小心！又掉了一块钱！”

苏淳反驳道：“不就是一块钱吗，值得这样大声责问吗？”

海萍怒气冲天地吼道：“一块钱！一块钱就不是钱了吗？有本事，你马上给我把那一块钱拿回来啊！”

苏淳继续反驳说：“至于这样吗？”

海萍听了更生气，用更大的声音说：“我真不明白你为什么要结婚？为什么啊？你没能力养老婆孩子，为什么还要结婚啊？！我真不明白我当初怎么就嫁给了你！我要跟你离婚！”

苏淳听完这话也是一肚子火，也来劲儿了，说：“好，不就是离婚吗，我同意，黄脸婆！”

看完上面这段对话你什么感觉？你也许在想：至于吗？不就是一块钱吗？这种小事儿犯得上吵到要离婚？夫妻俩相互让让不就没事儿了吗？又或许你听完了这段对话，想到了之前的恋爱或现在的婚姻，也觉得一肚子火。你知道女人发牢骚是因为对其他事情的不满，所以表面看他们俩吵架起因是一块钱，但其实是因为海萍觉得苏淳没有能力养家糊口。

美剧《绝望的主妇》也是一样。勒奈特的丈夫每次只要一说“我上班很辛苦”，勒奈特就会马上站在厨房里，摆出她最经典的姿势：一个手抱着孩子，一个手拿着勺子，然后用勺子使劲儿敲打着厨房料理台对着丈夫吼叫：“你这个没良心的东西，我为你辞掉了工作在家，8 年给你养了 4 个孩子，你现在嘚瑟起来了是吧？！”

这些电视剧里经常出现的片段，在我们的生活中更是随处可见。很多夫妻离婚或吵闹得不可开交，都是因为这些伤人的话语。

没有人不希望被温柔以待

我的咨询客户 H 小姐就是因为刀子嘴而失去了自己经营已久的感情。

“就是因为他前妻，他弟弟的婚礼，马上就要成为我俩关系的葬礼。他前妻就是个贱人。”这是 H 小姐最近跟我见面时说的话。当时她一脸鄙夷、气呼呼地像狮子咆哮一般对我说出这些话。

我第一次见到 H 小姐时，她看上去非常瘦削，皮肤不是很白，整个人的感觉就像一根失去水分的甘蔗，皱皱巴巴的。1988 年出生的她明明还很年轻，整个人的气质、外貌却显得非常老成，让我错以为她是 1980 年左右的。

H 小姐说，她平常唯一的爱好就是长跑，没事就喜欢一个人去跑步，她说她很享受那种跑步时风吹过耳边，没有人打扰，可以一个人沉浸在自己的小小世界里的感觉。

“我已经付出我的所有了，他却这么对我。”H 小姐的愤怒还在继续。我先安抚了一下她的情绪，等她冷静下来后让她慢慢地告诉我整件事情的来龙去脉。她长舒了一口气，然后缓缓说道：“事情是这样的，我男朋友他弟找了一个本地的姑娘，现在准备结婚了，所以姑娘家找他家要20万彩礼，但是姑娘家里出了一套房。你也知道，在北京，一套房可值钱了，比20万可多了好多好多倍。他家呢，也就20万彩礼，其他什么都不用出。你觉得现在20万算多吗？肯定不多，对吧？但我男朋友他妈妈就一直跟他唠叨，说这姑娘贪心，不是一个过日子的人，那姑娘一家人人品都不好。总之，他妈跟他说了好多好多姑娘家这不好那不好的话。他呢，倒挺会学，回来就跟我说他弟弟找的媳妇怎么怎么不好之类的。我越听越烦，就跟我男朋友说：'又没让你家买房，人女方家出了一套房，而且女孩家就只要20万，20万在北京根本不算多。再说，你弟弟喜欢，你说那么多是想拆散他们啊？他们俩都是90后，自己感觉好就行，你以为跟你这个80后一样啊？他们都不介意，你们介意什么？'

"因为我这么说，他就觉得我胳膊肘往外拐，我俩这几天每天都吵得不可开交，昨天他跟我提了分手。我知道，他跟我分手就是因为他比来比去，还是觉得他前妻比我合适。

"你知道他前妻怎么说的吗？他前妻给他发微信说：'我跟你弟弟说了，咱们以后要认真工作，多存钱，自己买房，这样以后说话就会硬气一点。'"

听完H小姐的抱怨，你可能会说：这些话不是很平常吗？如果这个男人不能接受女方的说话方式，那肯定是他不够爱她。再说了，结婚要彩礼难道有错吗？不给彩礼，进男方家门后就没地位，现在不是很多专家都这么说吗？

如果你坚定地认为H小姐说的话没有任何问题，那这一课你可要认认真真读了。

我先来说说H小姐的问题。当然，我们都知道，任何情感问题的发生都不是一个人能决定的，她的男朋友肯定也有问题，但因为H小姐的男朋友不是我的咨询客户，很多情况我没有办法直接了解到，所以在这里就不多说他的问题了。

H小姐错就错在她这段话说得太直接，太主观，她不知道男朋友想表达什么，每一句话都是在说她男朋友的观点如何偏激，她男朋友如何不好，以及她男朋友的家人（妈妈）如何小心眼等，她的这些话我统称为“刀子嘴”。

再来回顾一下H小姐对她男朋友说的话。“又没让你家买房，人女方家出了一套房，而且女孩家就只要20万，20万在北京根本不算多。再说，你弟弟喜欢，你说那么多是想拆散他们啊？他们俩都是90后，自己感觉好就行，你以为跟你这个80后一样啊？他们都不介意，你们介意什么？”

仔细看这段话，你有没有看出“又没让你家买房，人女方家出了一套房”这句话表达的是什么？她内心想表达的是“你家拿不出钱来，你家没这个实力，你家穷”；第一句说完后，她紧接着说了句“女孩家就只要20万”，这句话她继续强调的是“你们占了人家大便宜，一套北京的房子值好几百万，你家20万都出不起吗？出不起就等于你自己承认你家穷，出得起不出就是你家抠门、吝啬”，如果照这样的思路整理下去，你能感觉出H小姐有些瞧不上她男朋友一家人的态度吧？

当然了，她后面继续说的“你以为跟你这个80后一样啊？他们都不介意，你们介意什么”，其实是在强烈地表达自己对男朋友及其家人的不满。H小姐觉得她跟男朋友在一起，男朋友对自己就很抠门，不够大方，不仅如此，她未来的婆婆对她也不好，所以她希望通过这种刺激来让男朋友对自己好一些。

我再举个例子。

有一个女孩小 A，是个大学生。她是那种风风火火、说一不二的性格，有时候会得理不饶人，因为在她看来，只要是对的就要坚持，就不能轻易地低头，低头就代表自己会丧失“主权”，放弃原则。不管是谈恋爱还是跟朋友在一起时，她都经常会言辞激烈地表达自己的看法，忽略别人的感受。

不过，令她同宿舍的女孩们震惊的是，她居然交到了一个帅气、好脾气、能包容她的男朋友。每次宿舍聚餐时，大家都能看出这个男孩特别包容小 A。

恋爱三个月后，有一次小 A 回到宿舍一脸郁闷，她和室友们说，她和男朋友因为一件小事吵架，她完全没想到这个男生突然就提出了分手，理由是他的好脾气已经被磨光了。

男孩说，他在这段爱情中一直忍让包容小 A，他希望自己的宽容大度能换来小 A 的善解人意，但并没有，他发现自己的爱反而变成了一种纵容。小 A 总是用盛气凌人的口吻说话，不仅如此，每次吵架时她说话都在戳自己的软肋，她骂自己的话都极其难听，一次次的争吵让他伤痕累累，他不想继续了。

你身边是不是也有很多类似于 H 小姐和小 A 的人，她们在和别人说话时，完全不考虑他人的需要，只顾自己舒服，她们认为说话做事就是要直接，有问题就说问题，而且一旦遇到问题，自己就应该“真诚”地给对方提建议，所以她们毫不考虑对方的感受，也不考虑自己说出去的话是不是对方需要和接受的，她们快人快语只是为了自己舒服。其实呢，带给别人的全是伤害！

这世界，谁愿意体恤你尖刻背后的温柔?

现在，我们一起来看看 H 小姐男朋友的前妻说的话吧。为什么这个前妻会成为 H 小姐口中的“贱人”，为什么这个前妻能让 H 小姐感觉如临大敌，她说的什么话让 H 小姐的男朋友感觉舒服呢?

“他前妻给他（男朋友）发微信说：‘我跟你弟弟说了，咱们以后要认真工作，多存钱，自己买房，这样以后说话就会硬气一点。’”你看到这句话，觉没觉得有种很贤妻良母的感觉? 说这句话的女性，她首先是站在对方的角度上的，她能够理解这个男人的家人的感受——要女孩家出钱，的确让我们觉得没面子，所以她不会直接说“你家就是穷，你家就是没钱”，她用“认真工作，多存钱，自己买房”这句话，让听的人感受到她不仅顾及了他的面子，还给出了很好的合理化建议，最重要的是，这句话里有很强烈的信任感，工作、存钱、买房，这是一个有能力的男人才能做到的事，她告诉这个男人“我相信你未来是可以做到的”，这种话对男性来讲，是极大的支持。

我们再换个角度来看，“咱们以后要认真工作，多存钱，自己买房，这样以后说话就会硬气一点”，这句话的核心思想是不是在告诉对方，你现在没有钱不要紧，你现在有一些软弱也没问题，但你不能未来什么都没有，你不能未来一直让别人看不起。多好的鼓励啊，这对一个没有自信的家庭来讲，实际上是高度的认可。如果你仔细琢磨 H 小姐的话，你能感受到你被嫌弃了，而这些话里却没有一丝一毫的嫌弃。

很多男生说自己喜欢贤惠温柔的女孩子，这不是没有道理的。抛开这些女生身上那些好的大家都公认的优点，单从说话方面而言，这些女生就更能让对方感受到“她接受了这个男人的想法和情绪”，这就是为什么说“贤惠的女生最好命”。

而那些不停地说自己是“刀子嘴豆腐心”的人，他们实际上都是在为自己的“伤人”行为做合理的开脱，他们想表达自己多么有爱心，多么为别人着想，内心多么柔软，但事实上，他们忽略了，这个世界上，没有多少人愿意透过我们的“刀子嘴”去体恤我们的“豆腐心”。

当然，我不是说人人都一定要变成贤惠的女生，在这个世界上，我们确实要做自己，要有个性，要懂得指出对方的错误，要直接，不能含含糊糊、转弯抹角，但是你别忘了，在说话这件事情上，直接地表达，不是拿刀子戳人，换一种温暖有效的表达方式，才能让你散发出独特的气质，这种魅力才让我们值得被爱，也让我们更有信心找到爱。

你说什么话，就是什么人

下面，我就来讲讲像 H 小姐和小 A 她们这样的“刀子嘴”们背后的心理过程。

“刀子嘴”们在说话的时候，内心中坚定地认为：你从来没有真正了解过我的感受，你不懂我的用心，你不知道我的伤痛，而我不知道如何让你了解我的感受和用心，所以只好通过一些比较极端、让你不舒服的话语来刺激你，让你明白。

比如，H 小姐的男朋友对她说："我们村里一个男人离婚了，还能找年轻漂亮的女人结婚。"H 小姐听完后马上就回他一句："在我们那里，要是一个男人无故离婚了，别人就会以为他不能生孩子！"

听完这两句对话，你会不会感觉不舒服？严重一点，如果你是男生，你会不会受到强烈的伤害呢？离婚是因为不能生孩子，这是哪里来的鬼扯胡话？而如果这话是真的，那我自己已经很痛苦了，你还要在我伤口上撒盐，岂不是更过分？

如果你是这个当事人，你肯定会很愤怒吧？对，你感觉愤怒了，这就是"刀子嘴"的目的，他们说话就是要故意刺痛你，让你不爽，让你和他有同样的感受。

"当你和我有同样感受的时候，我就舒服了，因为我终于被了解了。"这就是"刀子嘴"们想达到的目的。但回到生活中，这么说、这么做真的能达到他们想达到的目的吗？当然不会。

从心理学角度分析，"刀子嘴"的本质是对人的攻击、否定和批评。当然了，也许你现在还是会说，"刀子嘴"有什么不好，他们只是直接表达自己的观点，有些时候对人好不就是要一针见血地戳到他的痛处，让他直面自己的问题吗？这样他才能成长啊，这样才叫对人好。现在的人都太虚假，不真诚。

但你不要忘了，帮助对方成长的方式有很多，真诚地表达自己的观点，也不一定就要"毒舌"。选择"毒舌"的表达方式，用攻击他人的话来显示自己的能力，这种表达，本质不是友善，是邪恶。

就像在很多情感问题的网友留言区，如果一个人说自己的婆婆或丈夫哪里不够好，很多人就会回复四个字：赶紧离婚。这种遇到问题就马上要散伙走人的思想，就是一种"恶"。在我们的日常生活里，夫妻矛盾、婆媳矛盾不是时常都会发生吗？如果遇到一点事情就以分手、离婚作为解决问题的方法，那这个世界上就真的没有长久的婚姻，也没有长久的爱情了。

我们常说“良言一句三冬暖，恶语伤人六月寒”，偶尔一句调侃的话确实可以缓解气氛，但长此以往，跟人交流时，总是遇到问题就直接表达自己的不满，直戳对方的痛处，总是站在自己的角度说自己想说的话，那到最后，这个人就会逐渐形成遇事就指责的习惯，而这种习惯，就是一种不良的沟通姿态。

蔡康永在他的书里面说过一句话，“你说什么样的话，你就是什么样的人”。我极其认同，你如果是一个心胸狭隘的人，就会狭隘地看这件事；你如果是一个善于妒忌别人的人，就会说出妒忌的话来；你如果是虚荣心极强的人，就会觉得别人都不如你，就会不希望别人好，就会想要伤害所有你认为比你强的人。就像我们说指责型的人常常忽略他人的感受，习惯于攻击和批判，喜欢将责任推卸给其他人。

现在年轻人当中比较流行“怼”这个网络词语，为什么他们会乐于“怼”人呢？原因是他们喜欢在这种语言的激烈斗争中寻找快感，这不仅是年轻人想在言语上胜过别人的表现，也是现代人在过重的生活压力下疏解情绪的方式。但是，不是所有人都能够接受这种方式，一旦我们控制不住说话的语气和节奏，就会让对方觉得我们是在抱怨和轻视他。

看看下面几句话：

“陪我一起数星星吧，还是算了，你智商低，你就数月亮吧！”

“一个人最大的失败，不是没有人爱你，而是爱过你的人，都觉得当初瞎了眼。”

“我家的狗一般都是跟同类才会沟通得很顺利，瞧你跟它沟通得那么

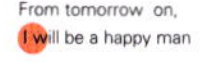

好就知道你和它是一家。”

看完这几句话，你有什么感觉？如果这几句话就是朋友对你说的，而且还用一种不屑和轻蔑的表情对你说这样的话，你还会觉得他们真诚吗？所以，如果你还认为“怼”人和“刀子嘴”只是直接的表达的话，就想想刚才你自己的感受吧。你要知道，如果再继续这样下去，你和别人的误会会越积越多，给别人的感觉会越来越坏，久而久之，你的家人、伴侣、朋友都会忍受不了，离你越来越远。

你是否也曾对他“出口成伤”？

改变“刀子嘴”的表达方式十分重要。在亲密关系中，如果从心理层面做细分，我认为有四种类型的说话方式是“刀子嘴”们常常用的，也是最容易给亲密关系造成伤害的。

1. 从道德层面否定对方

“你是个没有教养的人！”

“你从来都不尊重我！”

“你不配做男人！”

你有没有觉得这些话一说出口，就会让听的人很受伤？没有人喜欢被人彻底否定，更不会有人愿意被贴上一个评价很低的人格标签。但当你说出这些词、这些话的时候，你内心中不就是想让对方更痛苦、更受伤吗?

2. 随时做比较

"小梅的老公给她买了个一万块的包，你给我买过什么？"

"小梅她老公年薪50万呢！你看看你，赚的钱还不够给孩子买奶粉的！"

类似这种话你可能常常说也常常听到，我们的父母就常常用别人家的孩子让我们感受到自己与他们的差距。我们从小就在被比较中长大，当然，也许现在我们也还没有脱离被比较的生活，所以我们自己其实也很讨厌这种被比较的感觉，但我们是不是常常好了伤疤忘了疼，用我们自己都接受不了的方式去伤害别人呢?

3. 推卸责任

"不是我想骂你，是因为你做得太糟糕！"

"我整天说你，还不是因为你吃得像猪一样肥！"

表面上看，这些话是把自己的愤怒理性化，让自己觉得自己有理可依，但实际上你只是在发泄自己的负面情绪，把自己撇得远远的，把责任都推给别人。

4. 威胁、逼迫对方

"你再这样，我就跟你离婚！"

"你不回我电话，我就再也不理你了！"

没有人喜欢被威胁，也没有人会想在威胁之下做出选择，但上面这些话恰恰是很多人在不经意间就说出来的。这种逼迫，实际上也是一种伤害。就像父母对孩子说“我不要你了”一样，这种伤害不是给孩子做一顿好吃的饭菜就能弥补的。

看到这里，我相信你在点头，你肯定会说，“的确，这些话我自己也曾说过”“这些话我经常脱口而出，改都改不掉”“这些话我常常听到”。在亲密关系中，我把这种话统称为——语言暴力。

说它们是暴力，是因为它们传递出去的不是关心，听的人听到的也不是认可，而只有攻击、否定，上面每一句话都是在评论、比较、指责或威胁他人。这种话，会让人难受。

而且，你还要知道，“刀子嘴”不仅在伤害别人，也在伤害自己。你想，当一个人每天只关注身边所有不如意的事情，每天源源不断地听着自己的满腹牢骚，每天脑海里都回荡着尖锐不饶人的话，他就是在让自己长期沉溺于负能量之中。

因此，“刀子嘴”的人，他的内心也必然是锋利和负面的，在人际相处中容易让别人敬而远之，在亲密关系中容易与伴侣冲突不断。面对问题时，即使他的出发点是好的，意见是正确的，但由于说话不顾及他人的感受，也会导致意见不被接纳。

所以，“刀子嘴”们不仅让别人难受，也会让自己难受。因为他说的话很难获得对方的温暖回馈，也就没法滋养他自己，更没法获得他想要的更加亲密的感觉。

为什么你无法停止以话伤人？

总结工作、生活中我接触过的案例，并从心理学角度进行分析，我认为“刀子嘴”们这么做的原因有三方面。

1. 不懂人际边界

“刀子嘴”们把自己的任性妄为当作真诚的表达，因为不懂人际边界，所以他们侵犯了别人的领域而毫不自知。就像如果想去别人的房间，我们会先敲敲门，但不懂人际边界的人会直接推开别人的房门。如果房间里的人跟他说“你下次要敲门啊”，他们反而会认为这个人真多事儿，因为他们不认为直接推开别人的房门是不礼貌的行为。所以，为什么说我们的生活中有那么多人错把自私当直率，就是因为他们没有边界感。

2. 在童年遭受过创伤

“受过虐待的孩子长大后极有可能成为罪犯”，这句话我不知道你有没有听说过，但在心理学上把这个过程叫作“与犯罪者认同”。就是说，孩子在被虐待的过程中，会慢慢形成一种“这样做是对的”的想法，他们会认为虐待这件事没有任何问题，认为被虐待就是正常的生活。为什么他们要这么想？因为如果他们不这样想，在被虐待时，他们就会觉得更加痛苦，而为了熬过这种痛苦，他们会丧失对自己身份的一切认同，达到“与犯罪者认同”。

3. 鲜少得到温暖、肯定与支持

“刀子嘴”们攻击他人，因为他们在潜意识里以攻击为防守来保护自己。他们没有得到足够的关爱或生活在冷漠之中，但他们认为生活是需要温暖的，人是需要被肯定的。有些“刀子嘴”们做不到认同“犯罪者”，也就是那个无法给他温暖的人，但他们对生活有太多渴望，所以在经历一次次失望、一次次惨败之后，他们内心越来越僵硬，愤怒感越压越多，最后就像一座活火山，不停地爆发出自己的不满。

讲到这里，我想你能够理解这些“刀子嘴”们痛苦的内心世界了吧，或者你自己就是这样一把“刀子”，你也很难过，不想一直这样。

从现在，收起你的铠甲和利刺

接下来，让我告诉你一个可具体操作的方法——“温暖表达四部曲”，它包括以下四个部分：

第一，描述事实；

第二，表达观点和感受；

第三，说出理由和需求；

第四，给出建议或请求。

当你预料到自己即将进入“刀子嘴”模式的时候，你就可以用上边这个方法给大脑一个积极的暗示，将自己的情感表达得更加柔和一点，这样可以有效地减少语言上的攻击，也能让对方真实地感受到你的关怀。最重要的是，你能通过这个方法得到你想要的回馈。

接下来我们还是以 H 小姐的故事为例，进入“温暖表达四部曲”。

（1）描述事实

“你觉得你弟媳妇家找你们要 20 万彩礼太多了。”

（2）表达观点和感受

“我觉得还行，但我知道他们家这么做让你觉得不舒服。”

（3）说出理由和需求

“你看，现在不管是哪里的年轻人结婚，基本上都是男方家买房子，女方家买车。这买房的钱如果一定要男方家出，那会比 20 万更多吧？即使两家一家出一半，那也得上百万吧？”

（4）给出建议或请求

“我觉得，你不高兴是因为你觉得你弟弟像是上门女婿，你怕他结婚后在家里没地位，怕他受委屈，如果是这样的话，你就跟你弟弟说让他努力工作，别乱花钱，多存钱，这样以后他在家里就会有地位。不过以我对你弟弟和弟媳妇的了解，你弟弟也没觉得这是个事儿，弟媳妇他们家也真没有瞧不起你弟弟，你要是一直这么说，只会让你弟弟不舒服。所以，你不如跟你妈妈商量一下，能给就给，这样也让你弟弟不至于在结婚前心情不爽啊。”

如果你觉得上边的例子解释得还不够清楚，我再举个我们平时与伴侣沟通时的例子，比如我们经常向伴侣吼，“你就知道玩手机，你根本不拿这个家当家”，这种情况同样也可以用“温暖表达四部曲”来进行。

（1）描述事实

“你现在回家后跟我说话的时间越来越少，随时都拿着手机，吃饭时也一直盯着看。”

（2）表达观点和感受

“我觉得自己就像一个隐形人，感觉很不舒服。”

（3）说出理由和需求

“我希望你回家至少能有时间陪我说说话，或者跟我讲讲你白天发生的事。”

（4）给出建议或请求

“你看这样可以吗？咱们俩每天吃完饭一起出去散散步，这个时候你不拿手机，陪我聊聊天，我俩也正好锻炼身体了。”

你有没有觉得这样表达之后，“刀子嘴”们就不会再拿着刀子伤到别人，而且也避免自己受到伤害了？最重要的是，以前的“刀子嘴”们只会不停批评抱怨别人，现在他们开始积极地想办法解决问题。从抱怨对生活的不满，到解决生活中出现的难题，这样做得到的，不正是他们想要的幸福生活吗？

现在，我们来总结一下。如果我们通过“刀子嘴”的方式提出建议和需求，人们的反应常常是申辩或反击，而用“温暖表达四部曲”则能有效地表达自己的需求，不伤害对方，还能找出积极的办法解决问题。

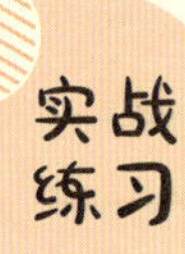

温暖表达四部曲，把爱说出口

从现在开始，进入到你的自我训练环节。

你需要找一个你曾经以“刀子嘴”伤人的事件，然后用“温暖表达四部曲”一条一条地写出如何解决这个问题。记好哦，你需要把“四部曲”的内容写下来，只有写出来，才能让你更好地进行自我梳理，才能收获得更多。

温暖表达四部曲

1. 这件事情是什么？

2. 你对这件事有什么感受？

3. 你真正想要的是什么？

4. 你希望他/她怎么做？

这里，我想说，向世界表达善意，只需要你有一颗温暖的心；向爱人表达温暖，不需要你被迫放低姿态，只需要你学会好好说话。被理解和支持是每个人内心的渴望，你希望别人理解你，给你温暖，首先你就要做一个能理解别人的人，而正确且清晰地表达自己想法和需要的人，就能获得这样的温暖。

第3课

没有安全感的生活，终将走向不幸的深渊

“安全感”这个词我相信每个人都非常熟悉，也会经常听到别人说。

在看相亲节目的时候，你有时会听到女嘉宾拒绝一个大家都认为条件不错的男嘉宾的原因是“没有安全感”。

你的闺密在谈恋爱后跟男朋友总是吵架，你觉得那个男孩人挺好。“他对你很不错啊”，每次你这么对闺密说，她都会说“你不懂，我跟他在一起很没有安全感”。听到这里你无法反驳，因为你真的不知道闺密所谓的安全感是什么。在你看来，那个男孩长相端正，经济条件不错，不是花心渣男，工作还挺努力，如果条件这么好的男人都让人没有安全感，你真不知道闺密口中所说的安全感到底是指什么了。

当然了，也许你自己也常这么说，在你去相亲或者恋爱时，又或者现在你已经结婚了，你可能依然会常常挂在嘴边一句“我跟他在一起没有安全感”。可到底对方怎么做能让你觉得有安全感，你也描述不出来。

这一节课的内容，我就要好好讲讲安全感。

你离幸福，只差一份依恋

在谈“安全感”这三个字之前，我想先来跟你说说“依恋”这个词。要知道，依恋关系的稳定程度对我们的安全感有直接的影响。

发展心理学中对依恋的解释是，依恋是个体与重要他人间通过亲密互动形成的持久、强烈的情感联系或联结。生活中，我们一般对依恋做的解释是，幼儿和他的照顾者（一般为妈妈）之间存在的一种特殊的感情关系，它产生于幼儿与其照料者母子依恋的相互作用过程中，是一种感情上的联结和纽带。

这里所说的重要他人和主要照顾者，都是指与我们有直接血缘关系的人，也就是我们的父母。当然，爷爷奶奶、外公外婆也是重要他人，但是对一个孩子来讲，在排序第一位的他人，还是妈妈和爸爸。

为了让你对“依恋”这个词有一个更好的理解，我来讲讲我的一个咨询客户小兰的故事。小兰可以说不仅仅是一个人，而是像很多个人的集合体，在这十几年的情感心理咨询工作中，我所接触的那些婚姻不幸、恋爱有矛盾、无法脱单的人，大多像小兰一样，有某些缺失，有很多遗憾，他们在我面前号啕大哭，就是因为他们觉得自己缺失了爱，缺失了一份依恋。他们想要找到属于自己的幸福，可他们不知道问题出在哪里，应该怎么解决。

小兰个子不高，皮肤白皙，瘦削的瓜子脸，圆圆的眼睛，说话轻声细语，身上带有典型南方美女的气质。虽然岁月在 43 岁的她的脸上已经显露了端倪，但流逝的时光却依旧抹不掉她的美貌。

但是，就是这一张美丽的脸却充满了哀伤，她的眼神中满是失落、伤感和无奈，时不时又有一些期盼，这些错综复杂的感受直让人不忍心去提那些让她痛苦的过往。可是我和她都知道，有一些过往如果永不提及，她就永远没有办法跨越障碍，也永远没有办法收获想要的幸福。

第一次见到她的时候，她刚送完孩子去辅导班。她说来找我做咨询是因为她不知道应该找什么样的人再婚，她离婚的原因是前夫出轨，她担心自己再也找不到安全可靠的好男人了。

小兰提起前夫，说话的语气明显沉重了很多，我能感觉到在离婚一年之后她仍然恨着前夫。但小兰面无表情地说自己真的没有那么痛恨前夫，她只是觉得前夫辜负了她这十多年的青春时光。

小兰与前夫是大学同学，在大学期间感情特别好，当初他俩为了同一个梦想——以后要留在北京——一起努力奋斗，吃过很多苦，也受过很多累，可他们都坚持下来了。

功夫不负有心人，大学毕业后，他俩果然如愿留在了北京。经过层层苛刻的面试，他俩一起从数千人中脱颖而出，成功地进入了世界 500 强企业上班，经过不懈的努力，几年后他们又都成为公司的高管。从刚到北京时的一无所有到后来买车买房，日子越过越好，这也让他俩在朋友眼中成了成功夫妻的典范，让人羡慕至极。

可生活总是擅长给人制造插曲和意外，就在他们结婚 12 年，孩子 8 岁的时候，有一次小兰无意中看到丈夫的短信聊天记录，他跟一个女人那些暧昧肉麻的情话，他跟对方说“下午去你家，干一次”“上次我也很爽”，这些赤裸裸的句子让小兰清楚地意识到，她最信任的丈夫出轨了。而且小兰发现，她丈夫的出轨对象居然是一个皮肤黝黑、长相一般的发廊洗头妹。小兰想不明白，自己工作出色，外貌中等偏上，还是大家眼中贤妻良母和职场女强人的合体，她为家庭付出了这么多，对丈夫和他的家人也都很好，他为什么要出轨，而且出轨对象还是一个没学历、没姿色的洗头妹。

小兰不明白为什么自己的婚姻如此不堪一击，她从来没想过自己和丈夫多年的感情就这么轻易地被击破，没想到丈夫如此经不起外界的诱惑和考验。

从小兰的表述中，我可以感觉出来，她是一个要强的人，很多事情，她宁愿自己一个人扛着，也不愿和别人诉苦。或许就因为这样的性格，虽然小兰非常伤心难过，但是她没有做任何挽留，直接选择和丈夫离了婚。

任何家庭，无论男女，遇上对方出轨这种事，都会心慌意乱，痛苦无比，更何况小兰这种一直没有发觉自己的婚姻有任何问题，以为自己的婚姻无比完美幸福的人。

当看到这里时，你可能觉得小兰的婚姻失败完全是她丈夫的错，她像很多遭遇丈夫出轨的女性一样，都遇到了花心、不负责任的渣男，她的婚姻之所以不幸福，是因为没有遇到懂得珍惜她的人，没有遇到对婚姻负责任的人。

在这里我不做任何道德评价，我只从心理学的角度来分析一下，为什么小兰的前夫会出轨。当然，我没有和小兰的前夫见面，没有办法从他那里了解信息，而是仅从小兰的描述中来分析原因。

所以，一切都是童年的错吗？

在第七次咨询时，我发现，在之前六次的咨询中，小兰基本都在讲她和前夫之间的故事，以及自己正在陆续相亲见面的一些男士，从来没有讲过她的家庭、她的妈妈。

在之前的咨询中，我就提起过原生家庭这个话题，但很快就被小兰敷衍过去。凭直觉，我知道，她是不想提这件事，所以我当时就没有逼问她。但以我的经验，小兰跟她的妈妈之间肯定有一些隔阂，但具体是什么样的隔阂，我不清楚。

第九次咨询结束后，我对小兰说："下次我很希望听你讲讲你的家庭，这样才有助于我更加了解你。"这才有了第十次咨询时小兰情绪的崩溃以及对自己更清楚的了解。

第十次见面，在咨询室里，小兰带着焦虑和不安慢慢讲起了她的妈妈。

小兰说，她的父母都是军人，平时有很多事情要做，她小时候根本没时间管她。小兰一出生，妈妈就把她送到外公家，因为妈妈觉得外公家条件好，当时几个小姨都还没有孩子，基本上家里十几个人都围着小兰一个人转，至少在那个物资匮乏的年代，她过得丰衣足食。就这样，

小兰在外公外婆的陪伴下长大，虽然外公外婆和小姨都对她非常好，但有的时候看着别人家的孩子都有父母陪着玩，她就会觉得自己是个被抛弃的孩子。

父母工作忙，基本上一年才能到外公家看她一次。在小兰的记忆里，每次妈妈住不了几天就要走，她都是哭着喊着，拽着妈妈的衣角不让她离开，但是妈妈还是每次都狠心地扔下她不管。后来，妈妈更是趁小兰睡着的时候偷偷走掉，甚至之前都不会告诉她自己哪一天走。

每次妈妈一走，外公外婆就告诉小兰，妈妈是因为工作忙才没时间陪她，让她乖乖在家不要哭。小兰很懂事，每当这个时候，就会告诉自己，只要自己听话，妈妈就会多回来看看她，但是她心里还有另外一个声音在告诉自己，妈妈是因为不爱自己，所以才会忍心扔下她不管。而每次幼儿园放学，在看到别的小朋友有妈妈来接，幸福地黏在妈妈身边的时候，小兰就会更加确信自己的想法没问题，妈妈就是不爱自己。

小兰七岁，准备上小学那年，妈妈终于来接她回去了。小兰既开心又担心，她怕自己不够乖又被妈妈扔回外公家。可是回到妈妈家后，小兰发现家里居然有一个比她小四岁的妹妹。妈妈从来没有对自己说过她有妹妹啊，妈妈不是总说自己很忙吗，为什么妹妹没有被送到外公家，为什么妹妹就可以待在妈妈身边？无数个为什么一直在小兰脑中盘旋着。而且，每次小兰看到妈妈抱着妹妹，妹妹一脸幸福地在妈妈怀里撒娇，小兰就羡慕不已，她也想要妈妈抱抱自己。

回到妈妈身边，小兰每天都非常难过，但是她并没有表现出来，而只是默默地思来想去，完全不像一个只有七岁的天真烂漫的孩子。想到最后，小兰终于给自己找到了一个完美合理的解释，那就是自己不够好，不如妹妹，所以妈妈不爱自己更爱妹妹。

进入小学后，小兰就告诉自己要做一个好孩子，因为她认为，只要她学习好，够乖，就一定能让妈妈也爱自己。

从小学到大学，小兰基本上每年都会得“三好学生”“优秀班干部”的奖状，她不仅成绩好，还非常独立，打小就做班长。但即使这样，小兰说，在她的记忆里妈妈一次也没有抱过她夸奖过她，她感觉自己完全是被妈妈忽略了，妈妈根本不爱自己。

说到这里，我想你大致能体会到小兰内心的感受，或者能体会她的痛苦，又或者你自己就是“小兰”，虽然你和小兰所经历的事情不甚相同，但那种“妈妈不爱”的感觉你肯定体会深刻。

接下来，结合这个案例，我来继续跟你讲“依恋”这个词。

依恋理论最初由英国精神分析师约翰·鲍尔比提出。他在生活中观察发现，那些被迫跟父母分离的婴儿会以极端的方式（比如使劲儿地哭喊、紧抓父母衣服不放，或者哭着疯狂地寻找）力图抵抗与父母的分离，或者力图四处寻找不见了的父母。鲍尔比试图去理解婴儿与父母分离后产生的这些强烈苦恼。但在当时，一批精神分析著述者们认为，这些表达是婴儿防御机制仍不成熟的表现，是为了抑制情感痛苦。但鲍尔比指出，这种表达在许多哺乳动物中都很常见，他认为这些行为可能具有生物进化意义上的功能。

在鲍尔比看来，有依恋情结的孩子潜意识里总会寻求他人的接受和关注。如果孩子认为自己是被爱的，他会感到安全、自信，从而积极探索周围环境，主动与他人交流。如果孩子认为自己不受关注，那么他就会感到焦虑、失望和抑郁，进而表现出各种依赖行为。

如果你刚才不能体会小兰的感受，现在应该能有所体会了吧？你一定能感受到小小的她是如何渴望妈妈的陪伴，一岁、两岁……每一个 365 天，她都是在期待和失望中度过。所以七岁的她，虽然内心依旧渴望妈妈的怀抱，期待妈妈的关爱，可更多的时候，她是生活在担心和害怕中，这些负面的感觉一直充斥在她的心里。

就像你有一只价值连城的玉镯，你肯定会小心翼翼地对待，生怕磕了、碰了、摔坏了，或许你会紧紧地把玉镯捏在手里，不敢放开，或许会因为害怕摔坏而把它束之高阁再也不敢戴。你时时刻刻都在想“我可千万别弄坏了它呀”。

渴望得到妈妈的爱，又害怕妈妈随时会离开，对小兰这样的孩子来讲，“爱伤”就这样慢慢形成了。

现在来简单地总结一下。在生活中，我们常常会碰到有人说自己没有安全感，或者我们自己也会有这样的感受。其实，安全感的缺失通常与我们在儿童时期与父母的依恋关系不足密切相关。成年后的你总是没有安全感，可能就是因为儿童时期没有得到父母足够的照料和精心的呵护。

实战练习

拥抱自己，对话内心恐惧的自己

让我们一起来回归内心，通过由内向外的四个步骤来慢慢接纳自己。这一部分，我会先教你两个步骤，你先来完成，等到你学习完下一节课后，我再告诉你接下来的两个步骤。

1 找一个没有其他人在家的时候（如果你一个人住，那就没有这个担心了），找一个能让你感觉舒服、放松的地方，坐下来，如果你想半躺着也行。深呼吸，再深呼吸，慢慢放松，直到你感觉全身已经放松下来。回想小时候那个曾经对生活不安、恐惧、感受不到爱的你。不要害怕回想过去的那个你，你越是能面对，就越能跨越过去带给你的伤害。

2 当你意识到自己的紧张、恐惧和脆弱时，你需要抱抱自己，用力张开双臂，抱紧自己，不要松手，拥抱自己五分钟，体会一下那种被自己紧紧拥抱的感觉。

然后，你需要对自己说出下面这一番话：此时此刻，我完全爱我自己，满怀着爱拥抱我内心的小孩，我愿意接纳并超越自己，我有为自己的生命负责的能力。现在，我已经长大了，我会精心照顾我内心的小孩，我已经跨越了过去的局限和恐惧，能平和地对待自己和生活，能毫无顾虑地表达自己的感情，也能接受别人对我的爱和呵护。我喜欢自己，我爱我自己，我能为自己创造美好的未来。

当然，这部分内容，如果你觉得有必要，可以尝试每天对自己说一次，慢慢地，你就会发现自己会变得越来越柔软，不会再害怕、紧张，也不会再生活在担心被抛弃的恐惧中。

这部分的自我体验完成后，你记得一定要好好睡一觉。很多做完这个练习的学员都有一个感觉，开始的时候很累，直到哭着睡着，第二天起来时，却感觉非常轻松。还有的学员告诉我，她是抱着自己睡着的，这种温暖舒服的感觉她好久没有体会过了。

所以，如果你正好看到这里，也正好是在晚上看的，那就请你合上书，抱着自己，慢慢入睡吧。

第4课

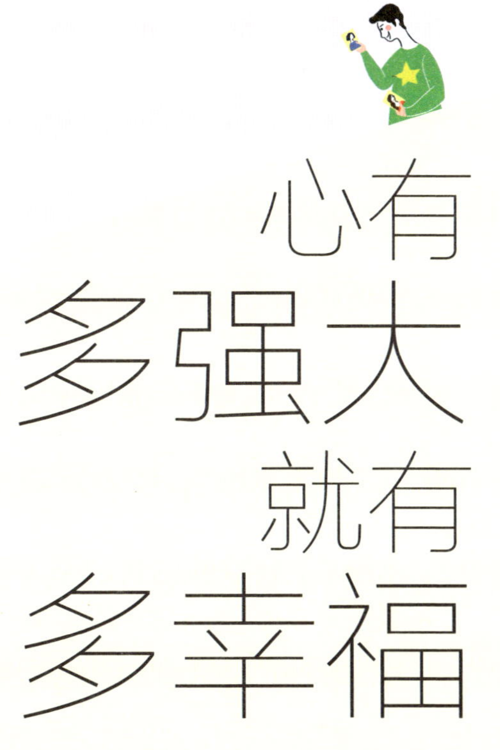

心有多强大，就有多幸福

From tomorrow on, I will be a happy man

是不是所有的孩子都会像小兰一样害怕与妈妈分离呢?

心理学家们认为，并不是所有的孩子都会出现分离焦虑的情况。为了证明这个结论，1978 年，美国心理学家玛丽·爱因斯沃斯与其同事开始对婴儿—双亲分离进行系统的研究，力图找到依恋系统中个体差异的正式解释。

爱因斯沃斯和同事创立了一种叫陌生情境的技术，用来测量婴儿与双亲的依恋关系。简单介绍一下这个实验：实验的对象都是 12—18 个月大的婴儿，实验者要求妈妈带婴儿进入一个陌生的房间；妈妈坐在旁边，孩子在那里自由地玩耍；一会儿后，一个成年陌生人进入房间，这个人先和母亲说话，再逗孩子，跟孩子说话；然后，妈妈离开房间；过一会儿妈妈回来，和孩子打招呼并安慰孩子，这个陌生人离开；又过一会儿，妈妈再次离开，留下孩子自己，然后陌生人回来；最后，妈妈回来，陌生人离开。

儿童与父母有三种依恋关系

爱因斯沃斯在研究中发现，至少存在三种类型的孩子：在与父母的关系中感到安全的孩子、焦虑—抵抗型的孩子，以及回避型的孩子。通过研究，她发现这种个体差异与儿童出生后第一年在家庭中的婴儿—双亲互动相关联。比如，在陌生环境中显得有安全感的孩子，他们的父母一般会及时地对孩子的需要做出反应；而在陌生环境中显得没有安全感的孩子（焦虑—抵抗型和回避型的孩子），他们的父母则常常对孩子的需要不敏感，或者是以反复无常或遗弃的方式照顾孩子。

所以，在生活中我们可以看到，妈妈在身边时，安全型的孩子能很自在、独立地探索环境，时不时过来找妈妈磨叽一下。当妈妈离开时，孩子表现得有点心烦，但不会过度反应，而当妈妈回来后，他们就会马上到妈妈身边并寻求接触。

焦虑—抵抗型的孩子对妈妈的情感状态是一种既喜欢又害怕的混合反应。比如到了新环境中，他们会紧紧地挨着妈妈，几乎不去探索新环境。在陌生人进来，妈妈离开前，他们就有些焦虑了，而当妈妈真的离开时，他们会表现出巨大的哀伤或愤怒。然而一旦妈妈回来，他们一方面表现出要跟妈妈接近——他们要和妈妈有身体接触；另一方面却又选择了充满负面情绪的身体接触方法——他们对母亲又踢又打，往往还伴随着愤怒的表情或者号哭。

而回避型的孩子通常不寻求接近妈妈，妈妈离开后也没什么难过的表现，妈妈回来了也反应比较冷淡。

在这里我补充一下，婴儿一岁时的依恋状态对其后期人际模式的发展有非常大的影响。安全型的孩子长大后心理健康水平要比其他类型的孩子高，他们在成年后更善于交往，能感受到的情绪强度更多，也常会被别人评价为积极、阳光。

你的生活，从不曾脱离它的掌控

通过后来的研究，心理学家认为成人亲密关系与婴儿时期对父母的依恋关系有很多共同点，20 世纪 90 年代，心理学家将成人的依恋关系划分为四种类型，分别是：安全型、焦虑型（迷恋型）、回避型和恐惧型。

1. 安全型依恋

你不会把恋爱当成一场有输赢的游戏，不会试图操控对方，因为你相信爱是能自然获得的。你不会经常担忧你们的关系和一些小误解，能接受对方的小缺点并充分尊重对方，也习惯于坦诚地表达自己的需要和感受。你能够回应你的伴侣，并努力满足他的需要。你不会轻易把一些事当作对你的侵犯，对批评也不会很敏感，当你和他发生冲突的时候，你的防御性不会很强，不会因为一点点摩擦就大发雷霆；相反，你能够好好解决问题，能够通过道歉和原谅使矛盾降级。

2. 焦虑型（迷恋型）依恋

为了维持一个好的关系，你会放弃自己的需要，去讨好和适应你的伴侣，但因为你自己的需要没有被满足，你会变得不快乐。你很容易把一些小事私人化，对方一些很小的举动对你来说都是负面信号。你希望通过操控你的伴侣来获得注意力，可能会假装冷淡、发脾气、不回电话或者威胁对方自己可能会离开，以此重新坚定“对方爱我”的信心。当对方的注意力在别的地方时，你会很容易嫉妒，而且会频繁地打电话、发短信，即便对方让你不要这样做。

3. 回避型依恋

在你的世界中，独立和“自给自足”比亲密关系更重要，在恋爱过程中你会觉得把自己的感受分享给对方有些不舒服。一旦做出了承诺，你会重新审视这段关系，继而特别关注对方的小缺点，回忆单身的乐趣，或者幻想另外一种更理想的关系。你的伴侣有时候会抱怨你根本不需要他，或者你对他不真实。而你的伴侣表现出的对你非常渴望，甚至过分依赖的状态，会让你觉得自己有力量且安全。这样，你更加认为没有必要依赖他人，甚至认为和他人有亲密关系是得不偿失的。

4. 恐惧型依恋

你知道自己需要亲密关系，但你又害怕和人过分亲近而置于某种危险中。一方面你担心依赖别人会损害到你的自由，另一方面又担心依赖别人会被拒绝和伤害。你对自由的态度是不坚定的，你并非不害怕分手，一旦关系受到威胁，你就会压抑自己的感受，假装自己不需要依赖别人。即使这种需求你感受不到，但它们确实是真实存在的，这时候你可能会感受到另外一种焦虑，即自己丧失了爱的能力或再也得不到真正的爱情了，你往往会通过另外一种方式释放自己的负面情绪。

下面的图表会让你更清楚上述四种类型。

 安全型依恋	对亲密关系感觉很自在，乐观外向，愿意参加社交活动，并且愿意向对方直接表达自己的情感。
 焦虑型（迷恋型）依恋	对人际关系时刻保持高度的警惕，一旦自己的亲密对象与其他人有密切关系，就会心生嫉妒。
 回避型依恋	喜欢依赖自己，对亲密关系没有多大的兴趣，往往表现得冷漠而独立。
 恐惧型依恋	总是担心遭人拒绝，不能相信别人，同时也不信任自己，多疑而害羞。

这四种类型的依恋风格之间存在着一定的联系，比如焦虑型(迷恋型)的人会对对方想保持距离的信号特别敏感，而回避型的人则会对对方想要控制自己的信号格外敏感。安全型依恋的人能够以一种健康的心态面对亲密关系，而另外三种类型的人都在不同方面上缺失安全感。有趣的是，焦虑型（迷恋型）的人常常和回避型、恐惧型的人互相吸引，进而陷入一种互相伤害的关系。身处这样的恋爱模式中，他们并不具备解决矛盾的能力，相反，双方都会以戒备、防御、攻击、退缩的姿态处理亲密关系，从而使恋爱中的矛盾不断升级。

以上就是对四种依恋类型的描述和分析，如果你还不能确定自己是哪个类型，可以在心理咨询师的指导下，做一下“亲密关系体验量表”，判断自己属于哪种依恋类型。

了解了这些依恋风格的外在表现，让你能简单判定自己在恋爱关系中属于哪一类人，但是，发现问题并不等于解决问题，我们又应该从哪里寻找且如何找回缺失的安全感呢?

你心里也住着一个恐惧的小孩吗?

前面我也提到过，依恋类型和婴幼儿时期父母的养育方式有关，我的咨询客户小兰的原生家庭带给她低自尊的性格。低自尊的人常常低估伴侣对他们的爱，当亲密关系出现问题时，低自尊的人不像别人那样试图拉近距离，解决问题，而是防御地隔离自己，生闷气，然后觉得自己更加糟糕，对自我的评价更低，周而复始恶性循环。就像小兰面对上一段婚姻时一样，她没有表现出一点想要挽留的态度，而是直接选择了离婚。之后，她在重新寻找伴侣的过程中，维持了恐惧型依恋的风格，对自己失去了信心，也不敢相信别人，这就导致她陷入不知所措的状态。

仔细看看小兰下面的这段话："回想我这 12 年的婚姻，其实我心里从来没有真正爱过他，也不相信他是爱我的。在家里，有很多次他走过来想抱我，我都把他推开了；一起出去玩，我从不牵他的手；即便我们恋爱那会儿，我也很少跟他亲亲抱抱，他应该是能感受到我对他的冷漠，才会做出这样的事情吧。"

"我心里从来没有真正爱过他，也不相信他是爱我的"，看到这句话时，你有没有感觉心酸、无助，有没有觉得小兰内心是不安和惶恐的?

说到这里，我不得不再提一个心理学经典实验——哈洛的恒河猴实验。我认为，这个实验最经典之处在于，它证明了母爱的伟大。

我先讲讲恒河猴实验的过程。哈洛是美国著名的心理学家，他认为，幼猴除了基本的吃奶、喝水等生理需求外，一定还有一种要接触柔软物质的需求。为了证明这个理论，在实验中，哈洛和同事做了不同类型的"代母"，他们先将刚出生的小猴子和猴妈妈分离，交给另外两个"妈妈"来抚养：一个是胸前挂着奶瓶，能够给它提供奶水的铁丝"母猴"；另一个是全身包着舒适的绒布，能够给它提供接触感的绒布"母猴"。

在实验中，每天 24 个小时中，小恒河猴有将近 18 个小时待在能够给它抚触感的绒布"妈妈"怀里，而只有 3 小时趴在能够给它奶水的铁丝"妈妈"怀里吸奶，其他时间在两边跑来跑去。

实验发现，小猴子更愿意和那个能够给它提供接触感和依恋感的"妈妈"待在一起，而不是和那个只能给它提供奶水却没有任何可以依恋的"妈妈”待在一起。

哈洛通过这个实验证明，妈妈和孩子之间的亲密接触与情感及社会支持，是促使一个人正常且健康成长的重要因素。而接触所带来的安慰感，是爱最重要的元素。

通过这个实验，我们也能了解，为什么现在那么多妈妈要给新生儿抚触按摩，因为妈妈在抚摸孩子的时候，能让孩子开心舒服，从而感觉到幸福啊。

心理学上有一个术语叫“心理营养”，主要是针对孩子提出的概念。心理学家认为，如果一个人在婴幼儿时期得到的心理营养不充分，长大后他就可能表现出情绪不稳定、人际关系不良和行为偏差等状态，而这些方面或多或少地都影响着我们的两性关系。

不同年龄段的孩子对心理营养的需求是不同的。

0—3 个月：需要父母的无条件接纳，也就是说孩子需要得到父母的充分关怀，这种关怀不需要任何条件，最好是“有求必应”地陪着孩子。

4 个月—3 岁：需要父母给足安全感，这种安全感来源于父母稳定的夫妻关系，而且妈妈的情绪越稳定，孩子获得的安全感就越充足。

4—5 岁：需要父母给予肯定、赞美和认同，这时候，父亲对孩子的影响就体现出来了，主要包括自我价值、自我形象和性别认同。

6—7 岁：需要学习、认知和模仿，父母应该给孩子树立一种榜样，让孩子多接触一些好的品德修养和行为习惯。

再说说小兰的妈妈，暂且不说每个阶段她是否给足了小兰心理营养，但至少她在小兰 7 岁前的生活中一直都是缺席的状态。妈妈的角色是任何人都无法替代的，无论是小兰的外公外婆还是她的小姨们。所以，小兰在咨询中告诉我的那句“我内心是不相信爱的，一个认为妈妈都不爱自己的孩子，怎么可能有能力去爱别人，去相信别人也爱自己”，其实我非常理解。这就是典型的因缺失心理营养而导致的人际关系不良，尤其表现在亲密关系难以建立。

很不幸的是，在这个世界上除了小兰的妈妈，还有很多父母也无意中让孩子缺乏了心理营养。比如你常常能听到父母对孩子说“你走，我不要你了”“再不听话，我就把你扔出去”“你留在这里吧，我走了”“你再哭，妈妈就不回来了”，等等。父母们认为这种话只是用来吓唬孩子的，但每次在说完后，换来的有可能就是一个过分听话的孩子，因为孩子怕自己做错了真的会被抛弃；要不就是换来孩子更加撕心裂肺的哭泣。

父母无意中说的话会播撒到孩子幼小的心灵中，慢慢地，这颗种子会生根发芽，当父母这种话越说越多，孩子担心被遗弃的感觉和恐惧情绪就会越来越重。最后这些在童年时期没有得到充足安全感的孩子就会在内心形成一个“恐惧的内在小孩”。

很多心理学家都认为，这个“恐惧的内在小孩”一旦形成，就不会轻易离开我们。害怕被抛弃、被侵犯、敏感、多疑、惊慌失措，这些都是“恐惧的内在小孩”的基本特点。通常这种恐惧被压抑在潜意识里，让这个长大的孩子很难意识到。

“恐惧的内在小孩”掌管着我们内在隐秘的情绪开关：一遇到与童年所经历的事情相似的场景，我们就会自动变成那个脆弱的、没有能力保护自己的 6 岁孩子，所有的恐惧都会浮出表面，哪怕现在的我们已经 26 岁、36 岁、46 岁，甚至 56 岁了。这种缺失的安全感如同一双看不见的双腿，无形中操控着我们的人生，它会引导我们往它想去的地方前进或后退，又或者停滞不前。

对自己说，“别怕，我会好好照顾你”

在我接触过的咨询客户中，很多人的心理疾病、行为不良，或焦虑不安都与安全感缺失相关。

比如一个女孩安全感缺失，结婚后她往往会非常依赖伴侣，无法容忍伴侣片刻的忽视，伴侣的不陪伴对她来说是致命事件，她会像一只八爪鱼一样，时刻处于吸附状态，牢牢抓紧对方，让对方感到窒息；又或者她会离他远远的，因为她害怕他靠近后伤害到自己；还有些时候，她可能会莫名其妙地攻击对方，一哭二闹三上吊地恐吓、打压对方，而这，都是因为她们害怕。我有一句戏言，说这种“恐惧的内在小孩”的表现：要么逃跑了，要么就是在战斗，如果两种都不是，那就是在去战斗的路上。

所以，你需要理解那些安全感低的人，他们在与人相处时内在的关系模式就是“恐惧的内在小孩”与“无法提供保护的内在父母”。这个“内在父母”是他们真实父母的内化，父母因为现实条件或自身局限，没能为他们提供有力的保护或温暖的呵护。

现在，你再去回顾一下小兰的案例，一定会改变自己之前把她离婚的原因都归咎于她丈夫一人的看法，因为小兰可能才是这段婚姻失败的源头。毕竟当一个人随时处在恐惧中时，她是没有能力，也无法享受亲密关系的，她只会重复过去不幸的模式。

心理咨询中有一句名言叫“说出就是接纳”，意思就是当你清楚这个问题所在，当你说出“面对”这两个字的时候，就是你开始接纳自己内心那些恐惧的时候。

面对意味着正视，意味着不拒绝，意味着你能接受曾经的自己，也意味着你能开启更大的动力去追寻更好的幸福生活。

我记得有一次和一个心理咨询师同行聊天，她说，她有一个客户洋洋，也是因为失恋来找她，洋洋情绪焦虑，觉得自己什么都做不好，觉得自己再也没有办法谈好恋爱了。她在引导洋洋做个人接纳训练时，让洋洋去理解她自己内在的那个恐惧小孩，让那个小孩诉说她的恐惧和害怕，然后让洋洋对这个孩子说“你不要怕，爸爸妈妈只是在吓你，他们不知道怎么跟你说话，他们吓你是因为他们自己也很恐惧，他们不知道怎么当好爸爸妈妈”。然后，她让洋洋告诉那个小孩“你放心，我已经长大了，我有能力保护你，我会好好照顾你”。

这些话说完，洋洋就开始痛哭流涕。在此后的每一天，洋洋都会跟自己说这番话，都会安慰自己，最后这个恐惧的内在小孩找到了最好的庇护所，看着她一天天长大。

最后，我们来总结一下这一课的内容。从实验心理学的角度看，安全感的形成与我们的家庭亲密教育有密不可分的关系。但缺失父爱母爱，不能成为我们阻碍自己拥抱幸福的借口。成年后的我们需要有意识地去培养那个充满爱的“内心小孩”，可以通过自我暗示冥想、以及分享喜悦等方法呵护自己，让自己重新获得拥抱幸福的能力。

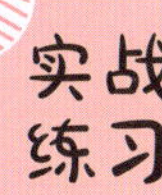

实战练习

赞美爱人，用你最温柔的心

前一节课我已经介绍了练习的前两个步骤，现在我们简单回顾一下之前做的练习，然后你再继续学习如何由内向外慢慢接纳自己。

1. 找一个没有人的时间，一个让自己舒服的地方，全身心放松，回想曾经那个恐惧的、感受不到爱的自己。

2. 当你意识到自己的紧张、恐惧和脆弱时，张开双臂，用力拥抱自己。然后，坚定地对自己说出鼓励和信任的话。

3. 找一张白纸，写出你最喜欢的人的特质。写完后，看看这里面哪些是你自己具备的，对那些你不具备的，可以试着慢慢让自己也拥有。然后，接着写出你最不喜欢的人的特质。

写完后，对照第一课你写的自己的缺点，看看这些特质里面哪些也是你自己所有的。如果你也具备这样的特质，那看看你能不能包容自己有这样的缺点。

最后，在这张纸上写下你的爱人吸引你的特质，看看他最吸引你的地方是什么。

4 找一个安静的时间，如果你有孩子了就一定要选择孩子睡着以后，在你与爱人准备睡觉前把他吸引你的特质告诉他。总之，你要记住，不要在对方拿着手机、对方很忙、或情绪不佳的时候跟他说。

你要这样跟他说：带着喜悦，把你认为的他的优点一条一条地告诉他，记住，一定要充满感情，让他感受到你的真诚。在说的时候，不管他看不看着你，你都要用双眼温柔地看着他，不要觉得这么做很"假"，即便一开始只是仪式性的行为，只要做得多了，慢慢地你就会觉得真。而且，你不敢这么做是因为你平时很少这么柔情蜜意地看着他说话，被人饱含热情地夸赞自己的优点是所有人都希望的事，所以这么做一点都不"假"。

第5课

你是否也曾独自孤独，不敢去爱？

From tomorrow on, I will be a happy man

在这部分内容开始之前，请先做一个关于“亲密关系问题”的小测试，这个测试一共有 7 道题，看完题目以后，请你根据第一感觉来选择，选择没有对错之别，所以千万不要纠结。这个测试并不是专业的心理测试，是我根据自己平时工作的经验总结出来的，所以最后的结果仅供你参考。

请你按照自己的真实感受作答，一边答一边做记录。

“亲密关系问题”小测试

	A	B	C
1. 你与恋人交往越深入，就越觉得惶恐不安。	是	不是	一般
2. 你童年时期与家人的关系很冷淡。	是	不是	一般
3. 恋爱时，你喜欢被恋人依赖的感觉。	不是	是	一般
4. 你曾经被前任伤害过。	是	没有	不清楚
5. 在亲密关系中，你对做出承诺感到焦虑。	是	不是	偶尔会
6. 你把人分得很清楚，在不同的人面前是不同的样子。	是	不是	偶尔会
7. 你害怕当人们知道真实的你是什么样以后，就不会再喜欢你了。	是	不是	偶尔会

请仔细看看你的选择，如果上面这 7 道题你选的都是 A，那根据我平时的咨询经验，我认为你的“亲密关系恐惧症”已经非常严重了，如果你有超过一半的答案选 A，那你也有“亲密关系恐惧症”，只是不太严重而已。

看到这里，你可能会很惊讶，会说“我平时挺外向的啊，朋友们都说我性格大大咧咧的，我从来不害怕与陌生人见面谈话，更不会面红耳赤，怎么会有‘亲密关系恐惧症’呢？”先别急着下定论，我慢慢来帮你分析一下。

“不害怕和陌生人交流”和有没有“亲密关系恐惧症”是完全不同的概念。生活中我们能看到，有些人在社交上游刃有余，无论与异性还是同性都可以谈笑风生，但他们可能一直单身或者无法固定交往一个恋人。我在咨询中经常接待这种客户，他们的内心独白都有这一句话：我害怕，也不敢走进亲密关系，我怕受伤。所以，这类人是习惯用自己的主动选择，主动攀谈，来避免别人的主动靠近，他们其实是更不容易表露内心的人。如果这个人性格激进，他可能会表现出一些占有欲，当占有欲无法满足时，就会演变为强烈的排斥，从而表现出不轻易与人交往及建立较亲密的关系。

也许，你患了“亲密关系恐惧症”

首先，亲密关系所指的不仅仅是爱情或异性间的情感，而是泛指亲情、爱情、友情和各类社交关系。众多心理学研究表明，亲密关系是身心功能健康的重要预测指标，它会对人的心理健康和社会适应产生重大影响。

早在1982年，就有心理学家总结了亲密关系的特征，主要表现为真诚、关心、温暖、保护、帮助、奉献、开放性、互相体贴、互相承诺、降低防御、情感依恋、愿意被控制、互相自我表露，以及分离时的痛苦。

后来，又有心理学研究者提出了亲密关系的规范性定义，即亲密关系是一种关系作用，在这种作用中，个体相信自我暴露会得到可传达的共情反应。这样的自我暴露可能增加一个人的脆弱感，所以形成亲密感的前提是个体必须为向别人表露自己的脆弱而冒险。

根据这些心理学家的观点，当一个人试图走近他人时，或多或少都会有一些恐惧，这是正常的现象。所以“亲密关系恐惧症”也并非一种疾病，而是指某人内心中恐惧与他人产生身体或情感上的亲近。亲密关系恐惧者并非不能进行人际交往，相反，有些人甚至还很受欢迎，朋友很多，也接受感情上的暧昧。他们渴望与他人建立亲密关系，却又担心自己的感情付出得不到回应，不愿意和别人分享自己的痛苦，也很难与人交心，他们中有些人会体验到一种虽然有很多朋友，但仍然觉得很孤独的感觉。只要别人有想要更深一步接触的意愿，亲密关系恐惧者就会立刻产生抗拒，并开始和对方分离。而大量的资料案例也显示，有“亲密关系恐惧症”的人，大多数都担心失去他人的重视。

我几乎在每一次培训课上都会问学员们同一个问题：人为什么要谈恋爱？大家的回答有“为了传宗接代”“为了避免孤独”“为了找一个人爱自己”，等等。如果要我从心理学角度来说，我认为，人谈恋爱最重要的目的就是为了“被认可”。被认可是每个人的需求，你给我买礼物，不仅是因为你爱我，也是因为你认可我；你不离开我，是因为你喜欢我，认可我；你跟我吵架，是因为你希望我接受你的观点和需求，希望我认可你……

既然我们都从心底渴望被别人认可，那对方的离开对我们来讲，就是一种“不认可”，分手也是“不认可”，不买礼物也是“不认可”。那些有“亲密关系恐惧症”的人内心最害怕的就是不被爱人认可，所以他们逃避，而从心理学的角度看，他们逃避也是因为不自信。

早前有研究发现，有严重自卑感的人比一般人更加恐惧在亲密关系中暴露自身的缺陷。比如一些自卑的人，他们可能有非常严格的父母，父母从他们童年时期就制定了苛刻的标准，总是紧紧地盯着他们的不足，从而导致他们在潜移默化中把批评内化。当成人之后，他们仍然坚定地相信自己有很多缺陷，这种缺陷感又强化了他们的自卑感，进而使他们越来越害怕向另一个人完全敞开自己。

还有一部分人是因为不信任他人而封闭自己，不向他人做自我表露。事实上，很多人从小接受的教育里都主张小孩子不要轻易相信别人，在成人之后，他们形成一种思维定式，即没有无缘无故的爱，这就是为什么有人很难对别人产生信任，即使是亲密关系中的另一方。而信任他人是建立良好亲密关系的前提，一个人想在未来与他人建立良好的亲密关系，就必须培养对他人的信任感。

为了不失去，宁愿从未靠近

前面的内容是对“亲密关系恐惧症”的共性分析，如果单单从恋爱关系来看，在恋人之间，缺乏安全感的一方所表现出的“亲密关系恐惧症”会更为明显。这是为什么呢？

一般而言，恋爱起初都是甜蜜的，所以当两个人相爱到一定程度，双方的关系自然而然就会变得亲密起来。当我们想要与他人建立亲密关系，就意味着那个人对我们是十分重要的。当我们感觉一个人对自己很重要时，我们就置身于被动的位置。如果我们需要对方，他却在另一端无暇顾及我们，那我们就会感觉很痛苦，渐渐地体会到自己的脆弱，而这种脆弱感会挑战我们的安全体验。

这时候，对安全感不足的人而言，他们是承受不了这份无力感和脆弱感的。当一个人难以体验到他人对自己的需要，他便无法真正进入一段亲密关系里去。

看到这里，你可以仔细回忆一下，你是不是很少会把“我爱你”三个字挂在嘴边？你不要告诉我说，你们俩经常说。的确，在恋爱初期，情侣之间的确会经常说这句话，但一旦恋爱时间超过半年，特别是结婚以后，“我爱你”这三个字就很少能从情侣和夫妻嘴里听到了。为什么？这是因为我们的文化习惯于以含蓄为美。所以，比起直接表达出爱，我们可能更习惯用伤害的方式来表达对别人的不满，这就是为什么很多人经常指责另一方对自己不够好，却很少会感谢对方为自己付出的关心与温暖。实际上，我们指责对方就是在表达我们对他的在意，以及希望与对方更进一步的期待。

而当我们讲出“我爱你”的时候，就明摆着告诉对方我们需要他。如果我们的自信心没有那么充分，这个需要就会变得模糊，因为我们可能担心自己没有那么出色而得不到他，也可能担心自己因不能满足他而失去他。

讲不出“我爱你”这三个字是因为害怕失去。为了不失去对方，我们宁愿从未走近他。久而久之，很多人就会面临以下两个问题：我很害怕和人确立恋爱关系，以及虽然我朋友很多，但难过的时候却没人可以倾诉。

我的咨询客户小童就属于前者，她很害怕和人确定恋爱关系。

“我觉得我再这么下去，他肯定会离开我”，忧心男友会与她分手，这是小童约我咨询的原因。

小童和我聊天的时候，眉头一直紧锁着：“我男朋友追了我半年，之前我一直不确定他是否是真心对我，后来因为他答应了我的约法三章，我才答应跟他谈恋爱。我的约法三章是：第一，以结婚为前提谈恋爱；第二，谈恋爱后就不能跟其她女生暧昧；第三，怀孕就一定要结婚，不能流产。现在，我们俩谈了三个月，可我每两周至少哭一次，因为我觉得自己根本没有办法信任他，不是因为他做得不好，而是因为我总是在挑他的错，本来很多事都是鸡毛蒜皮的小事，冷静想想根本没有必要闹矛盾的，但我就是控制不住。平时没事的时候，我常常会在网上、书里找很多测试题，来测验他对我是否忠诚，他会不会变心。可每当看到自己满意的测试结果，我就觉得是巧合，我似乎很难去相信他对我的爱。”说到这里的时候，小童下意识地闭上眼睛扶着额头，我可以看出来她真的很痛苦。

沉默好一会儿后，小童长舒了一口气，平复了一下自己的情绪又继续说：“有一次我男朋友特别认真地对我说，‘我现在特别怕你问我问题，我怕答对了你又会有新的题，答错了你又翻脸不理我’。听他这么说，我真的很难过。我很清楚自己这种状态不对，但我实在忍不了，我无法停止测试他，无法停止对他的怀疑，也不知道该怎么办。说实话，晚上家里没人的时候，在办公室空闲的时候，我都在反思，我觉得自己不适合谈恋爱，觉得我有心理障碍，因为我不仅折磨自己还不停折磨自己的爱人。”

我观察到，小童在短短的五分钟内，不停地唉声叹气，对自己又懊恼又无奈。

看到这里，你是不是觉得小童的困惑其实并不是多大的问题？但从我的角度来看，小童的问题是很严重的。要帮小童解决问题，首先需要了解她为什么会不信任对方、不停测试对方、要约法三章才能恋爱。

原生家庭的阴影是一切的根源

结合前几节课的内容，我想你或多或少有些思路了。对！我们得去看看小童的原生家庭情况。

用小童的话讲，她的童年是极其不幸福的。

小童的爸爸是个酒鬼，每天喝醉了就打她妈妈。每当目睹妈妈被打的场景，小童就会害怕地缩在墙角不敢吱声。在她五六岁的时候，父母离婚了，但离婚时他们都不想要小童，因为她是女孩，他们喜欢男孩，都在争夺小童弟弟的抚养权。

后来实在解决不了，他们就商定，谁要带走弟弟就必须带走小童，要养就得两个孩子一起养。考虑到照顾孩子要一大笔费用，小童的爸爸才放弃了争夺儿女的抚养权。

这件事情虽然解决了，但对小童来讲，这种争夺让她的自尊心受到了极大的打击，她一直坚信自己是个爹不疼娘不爱的孩子，就是“买一赠一”赠的“一”，其实没有人真正想要。

父母离婚后不到两年，在小童七八岁的时候妈妈再婚了，继父是村里的木匠，但他好吃懒做，也没有爱心。家里的经济来源大部分都靠小童的妈妈。妈妈对他抱怨很多，但继父依然我行我素，毫不在乎。而且继父也不喜欢女孩，所以对小童基本上是不闻不问。弟弟那会儿还小，又是家里唯一的男孩，继父认为弟弟可以为自己养老送终，所以很宠他。因为有爸妈的宠爱，弟弟从小也很霸道，经常欺负小童，小童和弟弟起了争执，家人不管谁对谁错，挨打受罚的肯定是小童。

小童说，从小到大她都很清楚，在妈妈眼里，自己就是一个累赘。她从来都不敢有也不能有“我想要什么，我喜欢什么”的念头，她几乎没有玩过玩具，也从未穿过新衣服，直到高中毕业，穿的都是姨妈家孩子的旧衣服，而她唯一的新衣服就是校服。

听到这里，你或许就能明白小童的“亲密关系恐惧症”从何而来了，但为了加深你的理解，我们再来看看几个真实的故事，这些故事有些是电视节目中的，有些是新闻和采访中的，通过他们的对话，你能感受到父母不幸福的婚姻对孩子的影响。

案例01 无法接受爱的女孩

主持人：他们（父母）之间的感情很可能是存在的，因为如果两个人不相爱，他们就不会又在一起啊！

女孩：不是。

主持人：那你是怎么想的呢？

女孩：可能是他们（各自）经历了一次不同的婚姻，不是跟一个人，然后就会让我觉得接受不了。

主持人：哦哦，是他们又经历了不同的人，但是最后还是分开了？

女孩：对，我觉得很难相信，比如一个男生在我面前说“我爱你”“我想娶你”或者是怎样，然后我就会觉得很假，没办法相信。因为我感觉（自己）心里面就好像筑了一道墙一样，让我没办法去相信，没办法去接受（爱）。

纨绔成性的哈里王子

前不久，哈里王子与女友宣布订婚，让无数姑娘们艳羡非常，可很多人却不知道，在这之前，哈里王子其实是一个纨绔成性的浪荡子。

1996 年，戴安娜与查尔斯结束了长达 15 年的不幸婚姻，而这样的经历，也给哈里王子造成了相当负面的影响。他把情绪放在心里，而在情感上更依赖哥哥威廉王子。

2002 年，未满 17 岁的哈里王子因为吸食大麻，第一次和王室丑闻挂上了钩，令外界震惊。2005 年，哈里王子打扮成一个纳粹德军的模样参加化装舞会，引起犹太人的不满，事后他也因此而道歉。

哈里王子的第一次恋情，是与平民出身的切尔西相爱。2004 年哈里王子对全世界宣布：切尔西是他的第一次真爱。这样的宣言几乎令全世界的少女为之动容，但是之后的四年，哈里王子的花边消息却从未间断，最终切尔西因为无法忍受哈里王子源源不断的花边新闻而提出分手。

畏惧婚姻的小陈

小陈：20 岁左右的时候吧，那时候我就说过，我以后不结婚，结婚（之后）像我妈妈这样过日子很痛苦。

主持人：这种害怕越来越严重？

小陈：对，我每天都过得很痛苦，过得很矛盾。

主持人：你和你的男友谈了几年了？

小陈：四年吧。

主持人：（你们）在四年当中有涉及结婚这个话题吗？

小陈：（每次讲到这个话题）我就很紧张。

主持人：紧张？

小陈：我原本的打算就是把我爸妈安排好了，他们之间能不吵架了，我就想自己一个人过日子。

主持人：即使他们好了，你也不敢面对婚姻吗？

小陈：（点头）对。

看完了上面这几个故事，你一定可以感受到，父母的婚姻对孩子恋爱的消极影响，让他们对亲密关系既渴求又害怕。他们渴求长久的爱情和亲密感，却也害怕会受到伤害。而从心理学角度分析，在恋爱关系中，人们对亲密关系的恐惧，主要有以下三个原因：

（1）受父母不幸婚姻影响

小童与上面三个例子里的孩子一样，他们害怕恋爱、害怕结婚的最重要原因就是父母的婚姻不幸福。他们不相信爱情、不相信婚姻，就像妈妈一直和小童说，“男人不可靠，男人不可信，男人都很自私，男人都不会真心对一个女人好”，这些话深深地种进小童的心里，每当她遇到让自己心动的男生，这句话就浮现出来，让小童不由自主远离对方。

（2）曾被恋人背叛或伤害

我有一个咨询客户小容，她恋爱一年后才知道自己的初恋男友居然是一个已婚男人，“原来自己的真心换来的是如此残酷的事实”，小容的自信心、对人的信任受到了极大的伤害，从此以后，她再也不敢信任任何男生，总觉得他们都会骗她。

（3）自幼未得到父母的精心呵护

人在婴儿期、孩童期，如果没有得到照料者恰当的回应和照料，会让孩子对温暖、亲密的情感投入产生回避态度，他们会坚信爱情是不可靠、不安全的。就像小童一样，她从小到大，都被妈妈、被爸爸、被继父嫌弃，没有一个人关注她需要什么，害怕什么，没人给她爱，也没人教她如何爱人，所以她心里怎么可能相信爱情呢。

寻找自我，拥抱幸福

说了那么多，都是从心理层面分析“亲密关系恐惧症”的原因，分析不是找借口，不是让你把这些分析当作挡箭牌，“看，我不敢爱，是因为我受过伤”，更不是让你把这些分析当作要挟对方的工具，“我从小缺爱，所以我给不了你爱情，但你要给我百分之百的爱”。

既然不能当借口，也不能当挡箭牌，如果你还渴望拥有一段幸福的婚姻和爱情，那作为成年人的你，作为一个有自由意志力的人，我们是有能力抚平过去那些创伤，学会适合自己的方法，让自己获得幸福的。

1. 学会宣泄，摆脱枷锁

宣泄是一种很好的方法，能让你在大哭大吼一次后感觉如释重负。所以，你可以尝试把你过去的糟糕经历写出来，想哭就大哭一场，想吼就咆哮一次，或者去 KTV 高唱几曲。总之，只要是让你感觉能把心底那些压抑的情绪释放出去，又不会让你背负罪恶感的行为，就去尝试。

2. 接纳过去，停止抱怨

如果你还在抱怨那些伤害过你的人，抱怨你现在的不幸都是他们惹的祸，那就从今天起，停止抱怨。你要记住，你已经长大了，已经能远离别人对你的伤害，而且他们也没有能力再伤害你了，现在去对着镜子大声说出“我能选择也能争取我想要的生活”，说完后，就开始想如何让自己满意，把注意力集中在自己想要的事物上，这比把注意力停留在自己没有得到的事物上能让你获得更加幸福的感受。

3. 唤醒热情，奖励自己

带着热情去学习，无论是运动、书法、插花还是烘焙，只要你愿意并且能从中感受到快乐就去学习。如果你对这些都不感兴趣，那就试着一个人去旅游，总之，做一件让你能发自内心开心的事。小童选择了健身，她找了一个很帅的男教练，每周刻苦练习的她练出了漂亮的马甲线，当然，最让小童感觉幸福的是，她找到了自己想要的美满婚姻（我忘了告诉你，小童结婚了）。

4. 打开身体，拥抱自己

张开双臂，闭上眼睛，用力地抱住自己，然后轻轻地拍拍自己的肩膀，说一句“我爱你”。记住哦，要抱五分钟不松手，体会一下此刻的感受。我让大家在培训课上做这个练习的时候，大部分人给我的回馈是，他们感觉自己的内心慢慢温暖起来了，感觉自己开始柔软下来了，感觉自己以前不够关心自己。还有一个学员在给我的留言中说，她在床上做的这个练习，当她抱着自己的时候，经常失眠的她居然就这样睡着了，而且一晚上都没有做梦，也没有醒来，第二天早上醒来时，觉得自己整个人都很轻松。

所以，我也请你这样练习一次。当你给了自己大大的拥抱后，接下来，如果你已经结婚或者正在谈恋爱，就请张开双臂，去给你的爱人一个大大的拥抱，同样，抱着你的爱人五分钟不放手，然后轻轻在他 / 她耳边说“谢谢你这么久一直陪着我，我爱你”。如果你的爱人觉得你今天莫名其妙，你就跟他 / 她说，你在学习如何好好爱他 / 她，也在学习如何好好爱自己。

如果你想获得提升，就请一个一个地认真实践以上四种方法吧。

生活中，很多人都患有“亲密关系恐惧症”，他们为了保护自己不受伤害而不敢去爱他人，不敢与他人建立亲密关系。而通常来说，这种“爱伤”的形成有三种原因，包括受父母不幸婚姻的影响，曾经遭受过背叛，以及在成长过程中一直都缺失关爱。但这些都已经是过去时，你有能力让自己拥有幸福，也请不断这样告诉自己，张开双臂，拥抱幸福。

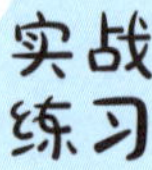

爱的抱抱，做最亲密的彼此

如何做才能让自己享受亲密关系的快乐，共有四个练习，我再重复一次，第一，学会宣泄，摆脱枷锁；第二，接纳过去，停止抱怨；第三，唤醒热情，奖励自己；第四，打开身体，拥抱自己。

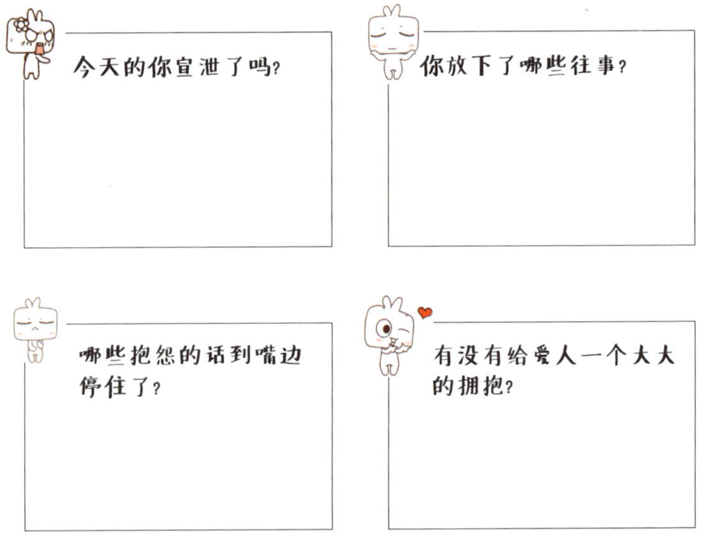

总之，以上的提升练习总结起来就两个字：抱抱。

拥抱过去的你，拥抱未来的你。记住，爱情是需要勇气的，不要因为曾经的伤痛而不敢面对将来，使自己的爱情止步不前，克服亲密恐惧症的关键在于自己！

第6课

人生
最美的修行是：
爱自己

From tomorrow on, I will be a happy man

看到这里的时候，我相信你已经做了前面的练习，也慢慢开始调整自己的状态，或许你还和朋友分享了你最近的变化。在之前的几课中，你已经做完了宣泄负性情绪、积极的自我暗示、温暖表达四部曲以及夸自己的优点、夸奖伴侣的优点这些练习，我相信你都完成得很好。

当用心做完每一个练习的时候，你是不是觉得自己越来越棒了？虽然我不能看到你的样子，但是我相信，你肯定是越来越美丽的。就像我课上的学员有一天在群里分享的，她说："昨天跟妈妈视频，她说'你这两天怎么变好看了？'我心想，莫非真的有这么神奇，我明明才开始表扬自己。"我认为，真的有那么神奇！因为当你越来越感受到自信的力量，也就会越来越喜欢自己，喜欢自己，你就会笑，笑起来的你，当然是美丽的。而别人能最快最直接地看到的变化就是：你这段时间总在笑。

当然，如果你觉得自己的变化还没有那么显著，那就继续坚持，别泄气，慢慢地你会感觉到自己的变化。就像减肥，不可能节食两三天就能瘦下来，至少也得三个月吧，而且三个月后你还需要不断努力才能保持身材；如果要练马甲线，那就需要更长时间了，半年以上的时间必须得有，而且还要找到合适的方法，坚持不断地练习，这样持之以恒，才能有漂亮的马甲线。

幸福的学习也是一样，需要持之以恒，每天练习。当你在每天的练习中感受到自己的变化时，当你感觉自己总在笑的时候，你就会感染身边的人。

在日本，曾有人对“经常微笑的女人真的好吗”这个话

题进行过调查。这一调查最后总结了经常微笑的女性受欢迎的原因。

第一，笑脸是传递好感和关心的表情，应该没有人不喜欢看到别人微笑着面对自己吧。

第二，“微笑的人容易给人留下积极的印象”是很多心理学实验已经验证过的，特别是对男人来讲，这种倾向更强。“微笑的女人，只是微笑就可以治愈我”“感觉自己被接受了，很安心”，这样想的男性占了多数。

你要知道，如果女性不笑，会让他人感到被拒绝。男性会认为“女性面无表情的话，是不是因为自己做错了什么”。

所以幸福是什么，也许幸福就是一个发自内心的微笑，一种用心的体验，一种全身心放松的感觉。

我的咨询客户中有一些有钱的太太，她们穿着奢华的衣服，住着豪华的房子，但过得并不开心，因为她们找不到自己的价值，没有自信，她们都很清楚钱并不能带来幸福感。

只有学会爱自己，才有能力爱别人，所以，这节课，我们就一起来学习如何习得幸福。

即使身边繁花似锦，可你幸福吗?

幸福需要学习？你可能会觉得奇怪，可能会问我："这需要吗？你前边不是说用心感受吗？这怎么学习呢？"

那好，请你回答我一个问题，一定要在仔细思考后再回答："你觉得幸福吗？你觉得对你来说，幸福是什么？"

现在你已经想好答案了吧。你有没有想到类似于下面这样的话："嫁个对我好的男人，我就会很幸福。""如果我有很多很多钱，我就会觉得很幸福。""只要我孩子成绩好，不调皮捣蛋，我就会觉得很幸福。""我觉得不幸福，我想要的都没有得到。""我讨厌你这个话题，什么幸不幸福的，我受够了。"

好了，不管答案是什么，你不能否认，在你想这个答案的时候，你的心里无时无刻不在渴望幸福。

这里有一份福代斯编制的"自我幸福感评估量表"，你可以试着做一下。

下面有11句话，请你选出最能描述你幸福程度的句子。不要过多思考，感觉哪句话最能说到你心里，就确认。

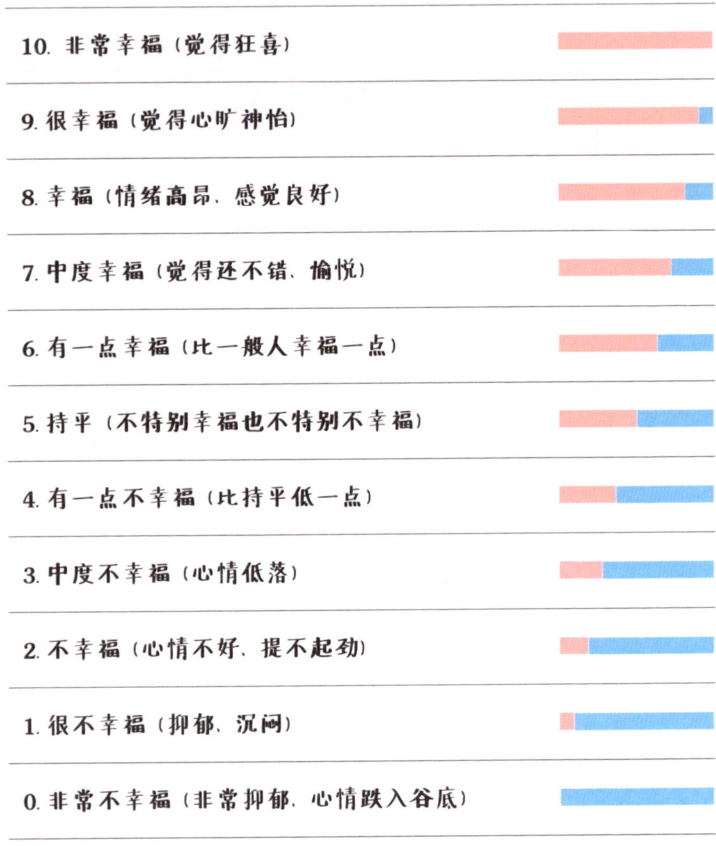

选择完，请进一步思考你的感受。如果以一年 365 天作为 100% 的话，对你来说，幸福的时间所占百分比是多少？不幸福的时间所占百分比是多少？情绪处于持平状态的时间所占百分比是多少？

仔细想一想，然后填写下这三个问题的百分比。

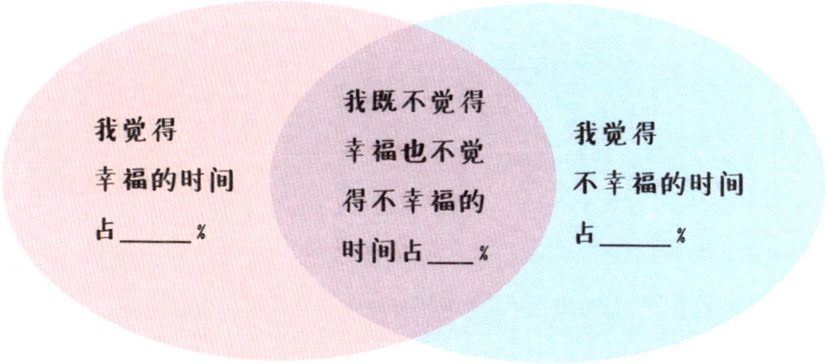

我觉得幸福的时间占_____%

我既不觉得幸福也不觉得不幸福的时间占____%

我觉得不幸福的时间占_____%

关于这个话题，福代斯做了一个统计，当时参加调查的有3000人。他发现，这些人里，一般人的幸福指数是6.29（满分是10分），一般人觉得幸福的时间占比是54.13%，不幸福的时间占比是20.44%，情绪持平的时间占比是25.43%。

而我的咨询客户珠珠，她的幸福指数只有1。

1983年出生的珠珠，在很多人看来都是名副其实的“白富美”。珠珠是一个气质温婉的才女，她凭借着自己的努力和奋斗，在北京全款买了房买了车，现在年薪已在百万以上，身边也围绕着很多追求者。但是，她的脸上却布满沧桑，眉宇之间散发着忧郁，看起来一点也不快乐。

珠珠说：“我以前认为，只要找到一个让我爱得全心全意的男人，我就会幸福，可等找到这样的人后，我却还是一点都不开心，我觉得他根本就不是我想要的。后来我怀孕了，我觉得只要有了孩子，我就会幸福，我不断想象着自己幸福的模样，于是生下我女儿。但事实上，我根本不知道如何去爱她以及如何让她无忧无虑地生活，所以她出生后基本上都是我爸妈在带，我作为妈妈却很少陪伴她。后来我跟自己说，只要努力工作我就会幸福，于是我拼命地赚钱养家，自己买车买房，但我依旧品尝不到幸福的滋味。”

我问珠珠为什么对自我的幸福感认可这么低，她明明什么都有了，也有很多人羡慕她，可珠珠却说：“我现在越来越讨厌自己，我这三年拼命地找都找不到一个真心爱我的人，有钱有什么用，有钱也买不来我想要的幸福，我觉得我活得很失败。”说真的，珠珠其实一直都在努力追求幸福的道路上，只是她始终没能找到正确的方向，不管是爱她的人、自己的孩子，还是富足的物质生活，都不是正确的方向。

说到这里，我想起了积极心理学之父塞利格曼教授曾经说过的，幸福不是竞争，真实的幸福来自你精神层次的提升，而不是与别人相比。

塞利格曼提出了实现幸福人生必备的五个元素：积极情绪、沉浸其中的投入、有意义和目的的事情、有收获和成就的感觉、良好的人际关系。他认为，积极心理学不仅能帮助人们感到快乐、满足，还能带来更好的生产力和健康，以及一个善良的人生。

积极情绪

积极情绪是幸福理论的基石，它需要我们在当下感受愉悦的心理因素，包括信心、信任、自信、希望以及乐观，还有高兴、舒适、温暖等。积极情绪可以帮助你在遭受打击时对抗沮丧，在面对有挑战性的工作时表现良好，还能使你健康。给自己以暗示，学会遇到问题停止抱怨，遇到问题选择寻找解决的办法，都能让一个人更加乐观。

有一个故事讲的就是在遇到问题时如何保持积极的情绪，并努力寻找解决办法的事。

故事说，有一头驴子掉进了一口深深的枯井，它哀怜地叫喊求救，期待主人把它救出来。听到驴子的叫声后，它的主人请来了很多亲邻出谋划策，但无论怎么想，他们就是想不出好的办法救驴子出来。

最后，大家一致认定，反正驴子已经老了，而这口枯井早晚也是要填上的，干脆今天就把井填上吧。

于是人们拿起铲子，开始填井。当第一铲土落到枯井时，驴子叫得更恐惧了，它显然明白了主人的意图，知道他们想杀死它。又一铲土落到枯井中，驴子更加绝望了。但当第三铲土落进枯井时，驴子出乎意料地安静了。

人们发现，此后每一铲土落到它背上的时候，驴子都不再哀叫求助，而是冷静地做一件令人惊奇的事情——它努力抖落背上的土，踩在脚下，把自己垫高一点。

当人们不断把土往枯井里铲，驴子也就不停地抖落身上的土，使自己不断升高。就这样，驴子慢慢地升到枯井口，在旁人惊奇的目光中，潇洒地走出了枯井。

中国有一句古话叫“祸兮福之所倚，福兮祸之所伏”，就是说祸与福互相依存，可以互相转化，坏事可以引出好的结果，好事也可能引出坏的结果。但怎么能在坏事发生后引出好的结果呢，这就需要你具备积极的情绪。

沉浸其中的投入

与积极情绪不同，沉浸其中的投入需要每个人凭借回忆过往做出主观评估，它指的是你有没有专注在一件事上，并从这件事上感受到力量和温暖。这里的投入不是说你拿着手机不停地玩，也不是说你跟你的恋人在认真地吵架，它有一个关键点，就是当你做完这件事情后，会发自内心地感受到喜悦和力量。比如我们全身心投入地做一个项目，满怀欣喜地给家人做一顿晚餐，在做的过程中你就能感受到无比的喜悦，而这种喜悦是别人不能带给你的。

佛家的禅宗也有关于投入的故事：

有源律师：和尚修道，还用功否？

大珠慧海禅师：用功。

有源律师：如何用功？

大珠慧海禅师：饥来吃饭，困来即眠。

有源律师：一切人总如同师父用功否？

大珠慧海禅师：不同。

有源律师：何故不同？

大珠慧海禅师：他吃饭时不肯吃饭，百种需索；睡时不肯睡，千般计较，所以不同也。

什么是禅呢，就是吃饭的时候吃饭，喝水的时候喝水。表面看这再简单不过了，可生活中大部分人不是这样的，他们在吃饭的时候想着工作，工作的时候想去玩耍，玩耍的时候想着怎么赚钱谈恋爱，谈恋爱的时候又不停玩着手机根本不在乎对方，对方提分手的时候又开始责备对方不爱自己……

总之，他们没有对哪件事情认真地投入过，就是这么“人在曹营心在汉”地活着。所以当你问他“你开心吗，你幸福吗”的时候，他们会告诉你，他们无感，他们不知道自己想要什么，不知道应该如何享受自己的生活，做的每一件事好像都是为了别人，都是为了别人的要求，与他自己毫无关系。就像有很多人拿着书在读，你问他们为什么读书，他们想想回答说：“因为别人告诉我应该读啊。”

所以，乐趣来源于哪里？我认为乐趣来源于过程中的全情投入，而不是投入后的结果，正因为这样，乐趣可以是无条件的。

你听到过婴儿的笑声吗？你拿着一个玩具逗他，他开心了就会咯咯咯地笑，他笑不是因为这个玩具有多贵，有多奢华，而只是因为他觉得开心，觉得舒服了。

2007 年，心理学家曾经做过一项实验，他们想调查“你会停下脚步花时间去留意身边的美吗”？

他们请来世界著名的小提琴家乔什·贝尔，让他在华盛顿地铁站里假扮成一个街头乐手，来测试会有多少行人停下来欣赏他的音乐。你要知道，单单这位小提琴家使用的纯手工小提琴售价就高达 350 万美金，更别说他刚刚在波士顿举办了一场音乐会，票价 100 美元，全场爆满。这样一个著名的音乐家，实验者们本以为肯定会有很多人认出他并特别开心地欣赏他的表演。但结果令人失望，在地铁站，乔什·贝尔的精彩表演根本没有吸引多少人来欣赏，大家只把他当成一个普通的街头艺人一样，匆匆地从他身边走过，没有人耐心地听美妙的音乐。那天，他只赚了可怜的 32 美金。

我跟几个朋友曾讨论过这个实验，讨论“我们能不能欣赏身边的美”这个问题。我们认为，那么多人花了很多钱去音乐厅做什么，去欣赏美妙的音乐做什么，他们去不是为了让自己开心，也不是投入地去享受，而是为了炫耀，炫耀自己的欣赏水平，炫耀自己的钱财，但炫耀过后，他们并没有得到幸福和快乐。就像这个实验一样，当美妙的音乐进入他们的耳朵，他们不会静下心来倾听、欣赏，因为这件事没有值得他们炫耀的地方。同样，当他们去一个风景优美的地方，即使可以闲看云淡风轻、听鸟语闻花香，他们也只会掏出手机咔咔拍照，只为发朋友圈炫耀获得赞赏。

所以，你要知道，快乐就是快乐，投入的快乐更是不需要条件的。

有意义和目的的事情

意义并非单纯的主观感觉，它有时是能超越自我的。比如我曾经看过一个新闻，有一位退休老师，他把自己全部的 20 多万元存款拿出来捐给没钱读书的孩子，自己吃穿住都很简单。很多人说他太傻，说他不顾自己的儿女，这件事在他们眼中没有任何意义，但是对那些得到捐助的孩子来说，影响力就很大，甚至可能改变他们未来的人生。这件事传递给很多人温暖，这也是意义。所以，意义不能仅仅以我们自己的想法或角度来做评价，它需要我们冷静客观地从不同的角度综合评判，这个角度既有自己的也有别人的。

毛姆在《人性的枷锁》中以主角菲利普的口吻说："人生没有意义，人活着也没什么目的。一个人生出来还是没有出生，活着还是死去，都无关宏旨。生命似轻尘，死去亦徒然。"

意义到底是什么？弗兰克在他的书中写道："如果生命有着它的意义，那么所经历的痛苦也一定是有意义的。"

1946 年，著名的犹太精神病学和神经学专家维克多·弗兰克写了《生命的意义》一书，在被关押在集中营的期间，他发现，即使一个人生活在最坏最糟糕的环境中，但一旦他找到了生命的意义，他的生存适应力就会大大提高。

他在书中这样写道："在这里，从一个人最宝贵的生命到一件最微不足道的物品，一切都可被轻易夺走。在这里，我们只被保留了人性中最后一点自由，那就是在任何已经给定的环境下，决定自己的生活态度，决定自己的生存方式。”

所以，“人的独特之处，就在他们对意义的追求”，心理学家罗伊·包麦斯特写道。

那些生活更有意义的人经常会主动去追寻生命的意义，即使他们明知这是以自身的幸福作为代价，因为他们将自身投入了一项高于自我的事业。他们可能有着更多的烦恼、更高的压力指数，还比那些感到幸福的人有着更多的焦虑。例如我在写这本书时，写作的过程极其痛苦，但我为什么要写，因为我觉得把这些知识分享出来很有意义。意义是一种生活体验，但这种体验也意味着我要做出很多牺牲。这种牺牲就是，夜晚大家都在熟睡的时候，我在写稿；周末大家都在玩耍的时候，我在写稿；别人在吃午餐、喝茶、聊天的时候，我也在抽时间写稿。

就像有研究证明的那样：具有追求和充满意义的生活方式会全面地提升一个人的幸福水平和生活满意程度，并促进身心健康，提高恢复力，提升自尊，减少忧郁。而具有讽刺意义的是，那些一味追求幸福的人，反而感到不幸福。

有心理学家总结说，幸福的生活，一定是“得到”更多；而在充满意义的生活中，一定是“给予”更多。心理学家凯瑟琳·沃斯也说：“那些只追求幸福的人只有从其他人那里得到了好处，才会变得幸福；但是那些追求生命意义的人，会在给予他人时享受到愉悦。”

所以，关于幸福的学习，我们不能只停留在享受幸福那一瞬间的感觉，要知道，真正能促进你获得发自内心长久幸福的因素，是你能不能过上有意义的人生。

有收获和成就的感觉

对一个人来讲，成就是一项终极追求，哪怕它不能带来任何的积极情绪、意义和人际关系。

有收获和成就的感觉不仅来源于对成功、财富的追求，有些人把获取财富作为成就，有些人把帮助别人作为成就，有些人把赢作为成就，而这些追求成就人生的人，他们经常会完全投入到他们的工作、生活中，也常如饥似渴地追求快乐。

所以，塞利格曼发现成就的公式就是，成就 = 技能 × 努力。他说："巨大的努力可以弥补技能的不足，正如强大的技能可以弥补努力的不足一样，除非有一个是零。而且，对高技能的人来说，额外的努力会带来更大的回报。"

当然了，就像我刚刚所说的，每个人对成就的定义不一样。作家梁晓声写道："如果在 30 岁以前，最迟在 35 岁以前，我还不能使自己脱离平凡，那么我就自杀。"这种对"不平凡"极端化的追求，是他对于成就的理解。

也许在你看来，能找一个 Mr.Right 就是你想要的最大成就；而在她看来，能让自己一年内练成魔鬼身材就是最大的成就。

我认识一个女孩，她对于成就的定义是能救助很多小动物，帮助它们找到有爱心的主人；还有一些人希望自己在 40 岁的时候能够实现财务自由，周游世界，我之前有一个咨询客户，就是希望能游历世界各国，而那一年，他 35 岁，已经去过 100 多个国家了。

所以，短期成就也好，长期的人生成就也罢，以钱为目标的成就也好，以感受、奖项等为目标的成就也罢，只要努力追求并且最后能达成就好。当然，你别忘了，在收获成就感的道路上，你肯定会付出很多，肯定会经历各种痛苦、失败、阻碍等，你需要不断克服障碍，坚持目标，所以在这条路上，你的幸福感肯定不会那么强。

我看过这样一个故事。有一个人用玻璃把一条蛇和一只青蛙在水池里隔开。蛇要想吃青蛙，于是一次次地冲向青蛙，可每一次都撞到了玻璃隔板上。经过无数次这样的“碰壁”后，蛇最终放弃了努力，不再朝青蛙冲去。即使当玻璃隔板被抽掉之后，蛇也不再尝试去吃青蛙了。这个故事的结尾说，其实获得成功的方法很简单，就是不要因为一时的失败而失去信心。

在人生的路上，各种各样的障碍无处不在，而想要获得胜利，就必须克服障碍。在屡战屡败中坚持下去并且找到解决办法的人会是最后的胜利者，而不停抱怨并中途放弃的人就只能是失败者。

记得有一次在培训课上，学员们一边听课一边认真做着作业，有一个女孩突然在群里说“听完课那天刚好是我的生日，我希望那天我的Mr.Right 已经找到了我，陪我过生日”，然后另一个女孩马上笑着和她说“真棒啊，加油，你这算是为自己制定了目标”，紧接着好多女孩都感受到了她的热情，也纷纷为自己制定目标。

这个目标其实就是她们的短期成就目标。而要达成这个目标，就需要她们坚持不懈地学习以及实践，所以再想想塞利格曼提出的“成就 = 技能 × 努力”公式，你就能明白，想要收获，没有努力付出是难以达成的。

良好的人际关系

人际关系可以说是幸福感最重要的因素，它代表着人与人交往过程中心理关系的融洽程度。

的确，幸福感很少见于一个人孤独的时候。你上次大笑是什么时候，是跟朋友一起聊天的时候吧；你获奖过后会做什么，肯定是马上分享给家人朋友，想得到他们的祝福吧；你上次哭泣难过的时候在做什么，是不是希望有一个人能陪在你身边？

我身边有很多人都特别认真地对我说过，“小鹏姐姐，我也想学心理学，也想能帮助别人”。帮助别人，有时是提升幸福感最可靠的方法，其实也是一种良好的人际互动。

斯坦福研究中心曾经发表过一份调查报告，报告的结论是：一个人赚的钱，12.5% 来自知识，87.5% 来自人际关系。如果你连最基本的人际关系网都没有，不要说赚钱，可能苦闷的时候都没人陪你。

很多年前好莱坞曾经流行过一句话：“一个人能否成功，不在于你知道什么，而是在于你认识谁。”这句话源自当年的美国老牌影星柯克·道格拉斯。道格拉斯在 1941 年登上百老汇的舞台，但不久后就加入美国海军，退伍后他回到家乡，当时十分落魄潦倒。有一回，他搭火车时与旁边的一位女士攀谈起来，没想到这一聊竟然聊出了他人生的转折点。没过几天，他就被邀请至制片厂报到，那位女士正是一位知名的制片人。

所以，在生活中，懂得人际交往不仅能收获赞美，还能给别人留下好印象，说不定还会给你留下人脉和资源！

通过大量的数据研究和社会科学实验，有学者验证了现实社会中人与人的“六度连接”，同时也发现人和人之间存在“三度影响”，即我们所说的话和所做的事可能影响我们的朋友（一度）、朋友的朋友（两度）、朋友的朋友的朋友（三度）。一个人如果有一位幸福感很强的一度朋友，即亲密朋友，他生活幸福的概率会增加 15%；如果有一位幸福感很强的二度朋友，他生活幸福的概率会增加 10%；而如果有一位幸福感很强的三度朋友，他生活幸福的概率会增加 6%。与此相对应，如果一个人有一位生活得不开心的朋友，他的幸福感会下降 7%。你每增加一位朋友，每年将减少 2 天的孤独时间；相比而言，一年工资涨一万美元也只会让你的幸福感增加 2% 而已。

就像你走在路上，前面有人的东西掉在地上了，你捡起来拿给他，当他对你说一声谢谢时，你的幸福感就来了。而且由于遇到了好心人，他内心也会充满了喜悦，也许在路上碰到其他需要帮助的人，他也会热心帮忙。就像曾经风靡全球的公益短视频《爱是会传递的》所讲述的那样。

央视一位主持人曾经说过，“总希望自己是这温暖链条上的一分子，让这样善的传递不在我身上断掉”。正如有人认为，爱心传递释放的是“正能量”，自己看到了，有责任传递下去。在现实中，“正能量”带来的正效应确实不少，也是促使人际互动更好进行的催化剂，而拥有良好的人际关系则是建立一段亲密关系的前提。

有人曾经要求心理学家彼得森用两个字描述积极心理学讲的是什么，他说：“他人。”仔细想想，便会觉得这两个字是多么精辟。彼得森曾经和“幸福博士”迪纳召集了一批大学生做调查，他们想要弄明白幸福的人究竟是什么样的，研究发现，幸福的人在人际关系的各个方面——友情、亲情、爱情上得分更高，别人对他们人际关系的评价更好，他们也更乐于与别人在一起。所以说，一个幸福的人必定有着良好的人际关系。

反过来，糟糕的人际关系会使人更加不幸福。比如，一个闺密也没有的女人不会开心；没有社交圈子的人比其他人有更多的负面情绪。又比如在古代，孟子曾经问齐宣王："一个人听音乐和大家一起听音乐，哪个更开心？"齐宣王回答："和大家一起听更开心。"孟子接着问："跟几个人一起听音乐和跟很多人一起听音乐，哪个更开心？"齐宣王回答："和很多人一起听更开心。"看来，2000多年前的人也都明白这个道理：人际关系的融洽能带来更多的快乐。

找到自我，幸福从来不迷路

看到这里，我相信你已经理解了幸福的五个元素，那像珠珠这样感受不到幸福的人，她应该做些什么来改变自己呢？以下是我为珠珠开出的"处方"。

首先，珠珠需要找到一件自己觉得感兴趣的事情去做。比如，如果她过去想学画画，想去练习瑜伽，想去学插花，又或者想考一个证书，总之，只要是她想为自己做的事，那就应该认真对待，在自己选择的这件事情上投入积极的情绪。一定要投入，全身心地投入，这个时候她可能还没有开始做这件事情，但在做之前，情绪一定要先行，所以她要笑着告诉自己，她会坚持这个选择。要笑着告诉自己哦，如果她说不会笑，那就逼着自己咧着嘴，先让自己展示出笑的状态也是可以的，慢慢地，她就会自然而然地笑起来。笑着去做一件事，才能有一个好的开始。

其次，她需要找出她选择做的这件事的意义，无论如何要有自己认可的意义。就拿画画来举例，珠珠要这样告诉自己：这是我年少时的梦想，当年我想去学画画，可是爸爸妈妈担心耽误学习，不允许我学，而我自己也没有能力去坚持我的选择。现在我长大了工作了，有能力去实现这个梦想了，我要为了自己的梦想去认真学习画画。在珠珠选择的时候，只能想正向的、积极的一面，千万不能有“也许爸妈的反对是正确的，我可能的确不能成为一个好画家”这种念头，必须给自己以积极的暗示。

最后，她在投入这件事情的过程中会体验到成就感。比如每画一幅画，在画画的过程中，她都全情投入，在这个过程中获得好的感受，就会开始慢慢欣赏自己，会觉得自己越来越棒。除了对自己的认可增加外，珠珠在做这些事情的时候，势必会增加人际互动的机会，她肯定会有和她一起学画画的同学，不管愿不愿意与他们聊天说笑，她总会和他们有交流的时候，慢慢地她就会逐渐融入到这个群体里。就像你参加一个读书会，开始一两天你可能不会跟大家交流，但时间长了，你肯定会逐渐和一个或者几个人开始交流沟通一样。

关于珠珠，她真的去学画画了。我记得咨询结束后，有一天她突然在微信里给我发来几幅画，我说：“哇，你去哪里看画展了？”珠珠在语音中笑着说：“这是我自己画的！”隔着屏幕我仿佛都能看到珠珠的脸上满满都是笑容，虽然你现在听不到这个语音，只是在看文字，但想必也能感受到她当时那种自豪的语气吧。

总结一下这一课的内容。

无论你现在幸福的分值是多少，你要知道，幸福不能从一个单一角度来评判，它一共包含五个元素：积极情绪、沉浸其中的投入、有意义和目的的事情、有收获和成就的感觉、良好的人际关系。想要提升你自己的幸福感，你就需要积极地行动起来。

说到这里我再多说几句话。我想起坐飞机的时候，每次开机广播都会有这样一段机上安全须知说明：“当遇到危险的时候，请你先给自己戴上氧气面罩，穿好救生衣，再帮助旁边的人。”这句话也印证了幸福的哲学，一个人只有自己能体验到幸福感，能发自内心地感受到幸福，才具备爱别人的能力。

你不能再用“过去我曾经遭受过创伤”这句话来阻碍幸福降临。而且，你也不能把自己的幸福完全寄托在别人身上。所以，即使童年遭受过不幸，过去曾经历创痛，你依然有能力，决定你要不要过上幸福的生活。现在，你必须为了自己的幸福生活，改变自己，行动起来！

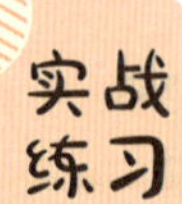

实战练习

自我提升计划三阶段

下面，我为你制定了一份自我提升计划，你可以花上一个周末的时间，认真、用心地完成。

自我提升计划有三个部分：

1 感恩之夜

选一个在你生命中曾经遇到的、对你有一定影响，你却从来没有感谢过的人（这个人一定不是你要恭维的领导，也不是与你刚刚在一起的恋人，千万别把这个“感恩之夜”变成恭维大会，拍马屁的事就不要在这个环节进行了），这个人可以是你的同事、朋友、父母、书友，当然也可以是你的“敌人”。

等你想好要去感谢谁后，找一个无人打扰的时间，仔细想想，写下一段感恩的文字。写好之后，如果你们在同一个城市，你就直接去找他；如果不在一个城市，就和他在网络上联系。然后把你写的这段话看着他的眼睛念给他听（用微信联系的就需要你们视频连线了）。

一定要记住，这不是一场给别人看的秀，而是你发自内心真诚的感恩。（这件事情做完后，请把你的感受记录下来，然后和其他人分享，也可以在网上给我留言，让我感受到你的喜悦。）

2 快乐之旅

选择周末的一天，这一天你一定要能全身心投入，不会被工作打扰。

如果你已经结婚，就和你的伴侣（如果有孩子，就带上孩子），如果你已经恋爱就和你的恋人，如果你还单身就和你的父母，如果你单身又一个人在外地打拼就找你的好朋友，你们一起过一个不一样的周末。

精心准备好聚餐的食物，或者就在外面吃，把手机“遗忘”在家里。你们可以去游乐场，可以去海边，可以去山上，总之，一起选一个你们都想去的地方。注意，一定要是大家都想去的地方，不要委屈任何一方。

然后，你需要全身心地陪他们一起玩，完全投入地跟他们一起玩。不要说孩子需要写作业，不要说我可能需要加班，不要给自己找任何借口，这一天的投入玩耍不会影响任何事情。

3 分享之日

做完这两件事情后，请把你的感受分享给一个你最好的朋友，告诉他你所做的事、你的感受。记得，一定要面带微笑，只讲愉悦的体验（当然，我相信在这两个行动中，你基本上不会有什么不愉快的，只要你不抱怨你的家人不配合就行），只讲你感觉舒服的部分。

把你的感恩之语写下来吧！

亲爱的 ________ ：

第 7 课

失败感和孤独感，是男人与女人分别的宿命

看到这里时，你可能会觉得好奇，这本书不是写幸福的吗，为什么开始讲男女呢?

从我的角度来看，每个人对幸福的定义都不同，但是大部分人都认可，婚姻幸福是他们需要的最可靠、最长久、最温暖的幸福。既然要恋爱、结婚，那必须要做的事情就是了解那个要与自己生活的异性与自己到底有什么不同。只有了解不同，才能更好地彼此理解、彼此接纳，才能做到真正地融入。

所以，这里我就开始从两性的角度，让你更加了解你们俩。

认识男女，从了解差异开始

先看看下面几幅图片，你觉得是不是描述得非常准确。

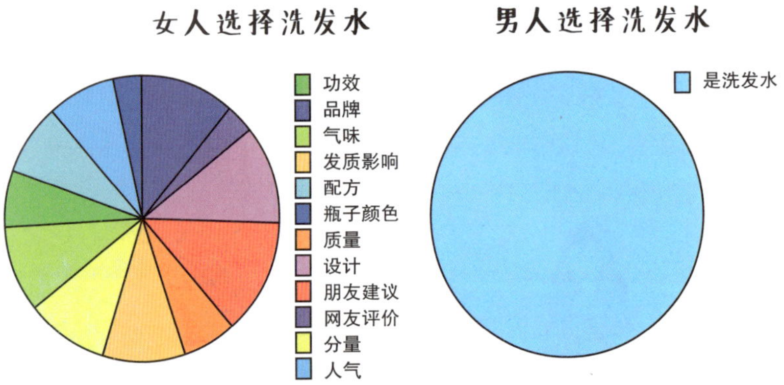

在我家就是这样的。比如，每次我愁眉苦脸地站在挂满衣服的衣柜前时，我丈夫就会“嘲笑”地看着我说：“是不是又找不到衣服穿了？”然后，我就看着他快速地随便拿一件衣服往身上套。

记得有个冬天的早上，我们俩在一个十字路口等红绿灯，这时从我们车前快速跑过一个女生，她穿着贴身的白色棉布裙，裙子差不多到膝盖下，光着小腿，手里提着黄色的皮质公文包。

我很惊讶地看着她，觉得她真是“美丽冻人”的代表，并马上很八卦地指着她对我丈夫说：“哇，你看到那个女生了吗？大冬天的穿一件这么薄的棉裙，不冷吗？”我丈夫一脸茫然地说：“哪儿有你说的穿白裙的女孩，我只看到一个身材不错的姑娘从我们车前走过啊！”

“身材很棒”“棉白裙”，这就是同一个人给我俩留下的不同印象。而这种不同的印象，就是因为我们的视角不同，就是男女看问题不同的地方。

我曾经看过一个 BBC 纪录片，叫作“你的大脑是男性还是女性”，里面通过大量的实验证明，男性与女性真的有不小的差异。比如，我们对男孩和女孩的刻板印象是，男孩就要用蓝色，喜欢小汽车；女孩就要用粉色，喜欢洋娃娃。为了证明这个想法的可靠性，研究人员让一群一岁左右的男孩和女孩在同一个房间玩耍，房间里分别有玩具汽车和芭比娃娃，最后他们发现，在全世界范围内的调查结果都一样，男孩会主动去玩汽车之类的玩具，而女孩则会选择毛绒玩具和洋娃娃。这些孩子的父母都说他们从来没有跟孩子说过你必须玩汽车或者你必须玩洋娃娃之类的话。

实验者们还把猴子作为实验对象，想观察公猴子和母猴子对玩具的选择是否也有这种男女有别的特点。实验结果再次印证了他们的猜测，公猴子们果然直接选择了汽车之类的玩具，对洋娃娃完全不感兴趣；母猴子们则直接选择了洋娃娃这一类的玩具，也同样对玩具车之类兴趣缺缺。

就像去学开车一样，如果你是女生，学了很久后依旧开车技术不够好，你会听到你的师傅说：“没事儿，女生嘛。”但如果你是男生，也如此，你的师傅肯定会说：“你一个男的，学车怎么跟女人一样？”这就是我们一直以来对男女的不同要求，当然这也是男女性别不同本身带来的差异，只是在很多时候，我们都不清楚男女之间真正的差异是什么。

认知神经科学家洪兰教授在一次 TED 的演讲中说：“女生善于把自己的情绪表达出来，先生太太吵架，先生讲一个字，太太讲十个字。”她还说：“教师节的时候，学生都给老师寄卡片，女生会买来很漂亮的卡片并在上面写很多内容，男生同样也是买卡片，不过是买现成的，卡片上印着四个字‘师恩难忘’就给老师寄过去了。”

另外，脑神经研究还发现，女性一天的说话量几乎是男性的 3 倍。男性每天要说 7000 个字，女性每天要说两万个字。男性这 7000 个字在办公室就已经讲完了，回家就不想再讲了，而女性如果在家里带孩子，虽然对孩子絮絮叨叨地说很多“吃饭饭”“睡觉觉”之类的话，可这些话都不算，因为她们没法对孩子表达自己心里的感受，所以女性这两万个字，要等丈夫回到家在三个小时内全部表达出去。

科学家还通过记录男女视线停留的位置和脑部的反应变化，来了解他们之间的不同。结果表明，男性的视线更倾向于停留在移动的物体上，而女性的视线更倾向于停留在人脸上。为什么会有这种差异呢？这是因为在出生 8 个月后，由于睾丸激素的激增，男孩的大脑会变得男性化。而大脑的不同就会导致成年后男女在很多事情的表现上不同。

但是科学研究也告诉我们，即便男女有那么多不同，也不代表所有男女都是这样的。剑桥大学一位教授的最新研究表明，并非所有的男性都有一个典型的“男式”大脑，差不多每五个男性中就有一个人的大脑是“女式”的，这就解释了为什么有些男性会喜欢芭蕾胜过喜欢足球。反之，每七个女性中就有一个人的大脑是“男式”的，这也是为什么有些女生擅长数学，喜欢分析和解决复杂问题胜过喜欢聊天逛街。

总结上面那些内容，生活中，大部分女性的空间感要比男性差一些，更容易感情用事一点，但是更细心，语言能力更好；男性相比而言更沉默寡言一些，但是寻路技能、方向感要高一些，更喜欢理性分析。

从始至终，女人一直在克服孤独感

我分别找了男性和女性一篇的日记，从中你可以更加直观地感受到他们的不同。

她的日记：

他现在越来越让人捉摸不透了。

本来我们约好了去看电影，但我闺密临时有事找我，所以就迟到了，他的脸一直耷拉着，还不理我。我知道是我做得不好，所以我主动让步，想要和他好好交流一下。他表面是同意了，结果呢，还是继续保持沉默，心不在焉，让我气不打一处来。

后来，我问他到底怎么了，是不是我惹他生气了，他就说这不关我的事，让我不用管。这不明显是搪塞我吗？他的脾气我是知道的，他心里一定放着什么事情，就是不愿意和我说。以前他可不是这样对我的，他追我的时候，无论是什么事情，开心的、难过的都愿意和我分享，可以算是无话不说。

我越想越难过，他是不是对我的感情变淡了，或者是他变心了？在回家的路上，我问他，“你是不是不爱我了”，但是他只顾开车，什么反应都没有。换作以前，他肯定会对我说“怎么会呢，不要胡思乱想啦，我当然是爱你的”。最打击我的是，到家之后，他就一个人坐在沙发上闷着头看电视，和我没有一点交流，我感觉自己就像个透明人，这个家里有我没我都一样！

我现在非常确定，他肯定是在外面有别的女人了！不然，我们结婚才两年，连孩子都没有，他怎么就对我如此冷淡？难道我真的已经变成黄脸婆了？我真的很难过，自己的婚姻生活变成了这个样子！

他的日记：

今天意大利队竟然输了！

这个经典的段子也许你以前看过，即使从没看过，看到这里，我猜你也一定会忍俊不禁，心想：这个女生的内心戏实在是太多了，她丈夫只不过是因为球赛输了心情低落而已，这两人的想法压根就不在一条线上。事实上，这夫妻俩的日记也恰好验证了我们对男性与女性存在差异的直观感受。

关于男性与女性的差异，我想起很多年前曾经看到的一句话：“从出生那天起，女人一直在克服孤独感，男人一直在战胜失败感。”刚开始那会儿，我是没办法完全理解和认同这句话的。但当我回首这么多年的咨询之路，回想起在我面前的那些男男女女的情绪，那一张张焦虑且痛苦的脸，我越来越理解这句话的含义。

下面看一段我的一个咨询客户写给她前夫的话，你就能理解“女人一直在克服孤独感”这句话了。

君生，我必须实话告诉你我的近况，我现在真的很糟糕，我对爱情的信仰崩塌了。我们曾经是一体的，这真的不是文艺，我现在感觉自己只剩半个了。我不能接受将来去吃小龙虾没有你在身旁，看羽毛球没有你在身旁，我甚至不能接受另外一个男人靠近我，未来的生活里没有你，我觉得自己很难撑得住。

从认识你到现在，8 年了，我的生活里只有你，可这次你把我抛弃在人生路上，因为我不是你的最爱了，你不觉得疼吗？为什么你能做到接受现实，我却不行？你还记得你走那天紧紧地抱着我不愿放手吗？我觉得你其实是喜欢我，不想离开我的。你还记得当初我们去千岛湖的时候吗？那天下着雪，我们滞留在山路上，我当时就想，死也不和你分开。可现在你却头也不回地离开了我，我们真的什么关系都没有了，现在，将来，永远，我真的很绝望，因为你真的抛弃我了。

看完这段话，你能感受到她的孤独吗？她和我说，离婚后，她害怕回到家里，害怕那种空荡荡的感觉，她说她不想让前夫把东西搬走，因为那些东西在那里会让她感觉至少他还没有完全离开。

她说这些话的时候，我能感受到她强烈的孤独感。

但她不知道，当她的前夫收到并看到这段长长的文字时，他的感受是怎样的。他能感受到她的孤独吗？结果完全出乎她的预料。

他给我留言说：

> 小鹏老师，看到这段话，我真的很烦躁，甚至愤怒厌恶。她动不动就以受害者自居，根本不清楚在这段婚姻里她犯了什么错。她对婚姻的很多理解都是有问题的，她始终停留在自己的视角，觉得委屈、凄惨，但很少有精力去认真思考问题，站在别人的角度看问题。她老说对我怎么好，但往往我不但感受不到，还会觉得很有压力，不自在。

你能从这个丈夫的话里感觉到他的愤怒、他的无能为力、他的挫败感吗？

以对方的视角，事情也许全不同

如果你对心理咨询稍稍有一些了解，即便没有了解，但凭经验你也应该知道，夫妻、恋人之间的矛盾，仅听一方之言肯定太偏颇。女性说的话肯定对她自己有利，她会站在自己的角度表述自己是多么尽心尽力地为了这个家，为丈夫好，但她这么说不能让我了解清楚事实的真相。我能听到的，只是一个为家付出一切的妻子换来了一个白眼狼丈夫。但如果你有幸问到她的丈夫或男友那件事到底是什么样时，你可能就会听到完全不同的版本。

比如一个妻子对我说：“我对他多好啊，家里什么家务都不需要他做，每天晚上都把饭菜做好了等他回来吃，我也从来不买高档的东西，他还有什么不知足的，他居然还要搞外遇。他不想好好过日子了，我也不知道该拿他怎么办。”乍一听，你觉得这个妻子说得很有道理，你会认为这男人就是个不懂得珍惜眼前人的渣男，吃着碗里还看着锅里的。但当你听到丈夫的话以后，你又会开始同情他。

丈夫说：“她哪里是对我好，她总是死死地守着我，我一点自由和空间都没有。晚上 9 点我没到家，她就开始夺命连环 Call，明明跟她说过我晚上要跟老同学聚会，而且这些同学她都很熟悉，结果不到 10 点，她就又催着我回家。后来我干脆不接电话，结果她就一个接一个地给我那些同学打，她这是对我好吗？同学都笑我是妻管严，就算能忍受得了别人的评价，可我实在接受不了这种生活了。我跟她提离婚，她就要死要活的，这种日子我实在是不想过了，每天工作就压力山大了，回到家还要看她的脸色，在她那里，我感受不到一点温暖和体贴。”

你看，这就是男女看待婚姻矛盾的不同视角，也就是男女不同的需要。如果你不懂从对方的视角看问题，不了解你对面这个异性，你们就不能在一个层面上讨论并解决问题。

看到这里，你是不是在点头？的确，在同一件事情上，不同的人有不同的需要和感受，他们会从不同角度描述这件事，所以不能只听片面之词就妄下结论。

客观来说，心理咨询一般女性来访者多于男性来访者，而且很多时候丈夫或男友是绝对不愿陪妻子或女友一起做咨询的，但这么多年，我自认为我最厉害的地方就是，我几乎百分之百都能让女性咨询客户邀请到她们的丈夫或男友过来向我咨询。

大家千万别说因为我是名人了，大家都认识我，所以他们才会来。我认为，他们之所以会来我这里接受咨询，是因为我让这些女性们说了一句话：我们的婚姻（爱情）出问题，双方都有责任，我肯定有我的问题，所以我已经去找心理咨询师聊了，看看我的问题到底在哪里，应该怎么改。但她说听我一个人讲太片面，希望从你这里了解我，所以你能不能帮我，去跟老师聊一聊，让她更清楚我的问题？

就是这样一句话，她们大概照着这个意思和对方说完后，那些之前说自己的丈夫、男友绝对不会来接受咨询的女性们，几乎都把丈夫或男友带来了。

我认为，这些男性们来最重要的一个原因是：他们是来帮助这个女人的！帮助对方，而非接受对方的批评，这让他们有很大的荣耀感，因为带着荣耀，所以才会消除他们对于前来咨询的抵触感。

没有一刻，男人能停止战胜失败感

我还有一个咨询客户，这位女性名牌大学毕业，有自己的事业，工作能力相当强，而且非常有女人味，举手投足间都魅力十足。她的丈夫，同样是名牌大学毕业，长得相当帅气，工作能力也非常出色。她告诉我，他俩就是朋友眼中的天生一对。

但就是这样绝配的完美家庭，前不久却爆发了巨大的危机：她的丈夫出轨了！

当知道这个消息的时候，这位女客户觉得简直犹如晴天霹雳，她说她完全不相信丈夫居然会背叛她。她优雅且气愤无比地对我说："那个女人是我老公公司的一个普通员工，普通员工啊。我老公可是那家大公司的核心负责人之一，他们公司又不是普通的小公司，这个女人到底算什么？三流大学毕业，长相一般，工作能力也不强，都快 30 岁了还单身，她哪里都配不上我们这种人。我都不知道我老公脑子哪里出了问题，竟然会背叛我去找这样的女人！"

后来，当我与她丈夫见面时，我发现他那高大帅气的外表下掩藏不住的是内心的脆弱和无助。

他低着头，用低沉的声音慢慢地说："我没想过她会知道我出轨这件事，我是真的不想跟她离婚才去找那个女孩的，我真的从来没想过离婚的事。

"去年上半年的时候，我的工作遇到一个很大的坎儿，我太太又开始不停地批评我哪里哪里做得不够好。总之，每次我找太太聊工作的事情，她就一直说是我自己能力的问题，她坚定地认为，是因为我能力不够，所以才会遇到这些不顺心的问题。而且，每次我遇到什么事情想跟她谈心的时候，她总是还没听我说完就直接说是我自己的问题，把所有的事情都归因于我能力不行。

"以前我真的是不在意，忍忍也就过去了。但是去年那个时候，我真的很需要别人的认可，而那个女孩是我下属，公司很多事情她都知道，所以那会儿她就一直在鼓励我，我当时真心觉得她是唯一能理解我的人。我记得有一次出差，在高铁上，一路上她都跟我说，那不是我的问题，是公司业务方向和高层决策的问题，她说她会一直陪着我渡过这个难关。所以那阵子我就特别依赖她，期待从她那里获得太太给不了我的温暖。虽然我明白出轨不对，但是我也不知道为什么自己就没忍住。”

我举这个例子，不是让你站在道德的高地来骂这些男人是如何渣，我是希望你站在男性的角度去感受一下他的失落和渴望。而且我希望你可以更深入地理解这句话，“从出生那天起，女人一直在克服孤独感，男人一直在战胜失败感”。

生活中，很多女性常常会对自己的另一半说“我要跟你谈谈我们之间的问题”，当女性说这句话的时候，她其实是想表达“我有怨恨，我有不满，我有失落，我觉得你做得不好，我觉得很糟糕”，当然，她们的潜台词还有“我希望你改变，我希望你知道我很孤独很恐惧”，但女性们却不知道，当这句话灌进男人的耳朵里时，他听到的只有七个字：你是一个失败者。

看到这里，你有没有觉得你根本不了解你对面那个异性？如果这时你开始站在对方的角度考虑问题了，你是不是觉得很懊悔，因为也许你曾经不止一次和你的另一半用这句话作为你跟他沟通时的开场白。

我知道你的本意是想从他那里获得更多的温暖，是想让你们的感情更好，让你们的关系更紧密，但你不曾想到这句话会让他体验到一种巨大的挫败感。

所以，如果想跟性别不一样的另一半进行一场深入的沟通，你就必须站在他的性别角度来谈论问题。

科学研究表明，男人也希望爱情婚姻能稳定长久。婚姻和相爱的程度对男性的健康和幸福比对女性的更重要。也就是说，没有情感寄托的男性更容易酗酒、自杀、患病、失业，更容易不健康。

权力与欲望：男人心中的理想国

大部分人认为，通常女性对感情方面的事情记性比较好；男性比较受客观事实主导，女性比较容易受人主导；女性偏好人际关系，男性偏好事实。而根据意大利科学家的研究，事情没那么简单。

这些研究者们请来四名男子坐在沙发上观看几分钟的 BBC 新闻。（当然，所有参加调查的男性都不知道他们已经进入实验阶段了，他们被告知实验一会儿开始，现在需要他们在这间房子里等待通知。）

这四名男子互相不认识，他们都坐在沙发上看着电视里的新闻。第一则新闻是一名性感女主播在播报，这时四名男子表情都很放松；当新闻切换成男主播播报后，他们明显陷入了严肃的思考状态。

当研究者们一个个询问这些男子，问他们看到和听到了什么时，研究人员发现一个不同寻常的情况。这四名男子都能记清楚大部分男主播播报的新闻内容，但女主播播报的新闻，他们却什么也没听见。被问到女主播播报了什么内容时，他们的反应是这样的，其中一位男士说："她播报了两则新闻，我只记得这个。"另外一位男士表情严肃地说："她穿着粉色上衣，镶有黑边，我只记得这个。"还有一位直接笑着说："她很迷人。"最后一位很认真地笑着说："她的胸部很美。"

所以，科学家进一步得出结论：男性的确对事实感兴趣，但他们更感兴趣的是性。这合乎情理，毕竟，在对待性的问题上，男性比女性更开放。

看完这段实验内容，你是不是觉得很好笑，你有没有说“难怪我们说男人好色，走在大马路上也会不停地看美女，他们居然看电视也在看美女啊”。当然了，男人真的很好“色”。你忘了我前边写的我和丈夫看过马路的女孩的那件事了吗？我看那个女孩穿的什么衣服，他直接看到人家身材好不好。

再说一个我看过的广告，我个人觉得这个广告很好地诠释了男女的不同，这个广告展示的就是我们常常说的那句话——夫妻同床且异梦。

梦境中，女人梦到自己和一个身材好、年轻帅气、温柔笑着的男人骑着白马驰骋草原，她紧紧地搂住这个男人的腰，头靠在他后背上，开心地奔向远方。而男人，他梦到自己在一个大型赛车场上，看台上站满了穿着性感比基尼不停热情冲他呼叫的女郎，在她们的瞩目之下，只有他一个人坐在一辆帅气的赛车上，前方又有一个性感的赛车女郎给他指示，他开着车，沿途的摇滚乐队为他助威，无数性感火辣的女郎为他呐喊，斗牛士带着斗牛为他鼓劲，拳击手在向他致敬。

对比你自己的梦境，你有没有觉得，的确，你也是这样，梦里经常会出现年轻帅气的男生，而且梦境里的浪漫元素会更多。而你去问身边的男生，他们会告诉你，权力、欲望这些元素才是他们梦境里经常出现的主角。你是不是觉得，哇，这男女梦境相差也太大了吧！

是的，男女先天就有差异，如同前边讲到的 BBC 纪录片里描述的那样，如果你去观察一岁多开始玩玩具的孩子，你可以看到这样的现象：男孩喜欢汽车、机器人之类的玩具，他们根本不需要大人教，就能拿着宝剑挥来挥去，像一个战士；女孩呢，她们喜欢洋娃娃、漂亮的裙子，看到妈妈涂口红就会显现出一脸向往的表情，有的还会趁妈妈不在的时候偷偷地试穿高跟鞋。

所以，无论从生理角度还是心理角度来看，男女都真的很不一样。当然，我这么说不是告诉你，哦，亲爱的，既然男人女人不一样，那我们发生矛盾的时候就不要去解决了，我这么说恰恰是希望你能在接下来的内容里认真详细地了解与你不一样的爱人，还是那句话，只有增加对爱人的了解，你才能学会用对方的语言来解决你们之间的问题。

男女之间，到底差在哪里?

写到这里，我来做一下归类，接下来你需要了解的是男女相处的四个要点：

1. 需求不同

男人需要被崇拜，女人需要被宠爱。男人需要树立自己的权威意识，这是对自我尊严的强烈释放；而女人需要在被男人宠爱的过程中获得安全感。男人需要给面子，女人需要给赞美。男人认为自己不仅要顶天立地，还要说话有分量，这是他所扮演的社会角色的本能反应；而女人失去了赞美，就像自己没有了装扮一样黯然失色。所以，男人不能忽略和自己的另一半在一起的时间，要让她们拥有一份踏实的存在感而非空落的恐惧感。

2. 沟通目的不同

好比生病的时候，男人会说“赶紧就医，按时吃药”等很务实的话，而女人有时候更多的是需要一个温暖的怀抱。所以，女人往往希望通过沟通来拉近彼此的关系，她们认为沟通是一种交流情感的方式，渴望在沟通中得到理解、安慰和尊重。而男人则认为沟通是为了解决问题，这个问题的解决与否是沟通成不成功的体现，所以能力、效率是关键，他们往往会强调和突出自己在这一场沟通中的地位。

3. 释放压力的方式不同

女人一般会比较感性，细心、敏感。而男人倾向于理性，不拘小节、木讷。当面对多方压力时，男人倾向于通过解决问题来消除压力，女人则倾向于直接释放情绪。所以，男人喜欢自己消化情绪或者侧面发泄，比如和三五好友喝一顿酒，或者压在心里过段时间就没事了；而女人偏向于倾诉发泄，也就是约上自己的好姐妹们出门逛街购物，或者借助心理咨询的方式来探索自己的内心。

4. 处理冲突的方式不同

男人总是趋向果断，女人时常优柔寡断。男人往往可以一针见血地洞悉到问题的核心；相比之下，女人显得拿捏不定，不清楚该如何更行之有效地去解决。面对冲突与矛盾，多数的男人会用直线思维去思考问题，女人则是多重思维，她们可以同时考虑很多件事，所以你经常会发现女人容易胡思乱想，而男人真的可以做到什么都不想，在做出决定之前，他们习惯思考得更慢。

我之所以从不同的角度让你清楚男女的不同，是为了让你清楚原来我们不能用自己习惯的模式和异性沟通。你需要记住的就是，男女在需求、沟通目的、释放压力、发生矛盾时处理冲突的方式这四个部分都不同，也就是说男女真的有很大差异。

最后，来总结一下这课的内容。男性和女性天生就存在差别，他们在看事情的角度、思考问题的方式等方面都存在天然的区别，而生活中，很多情侣或夫妻沟通的不畅通就是因为没有认识到这种差异。有句话说得很恰当，女人一直在克服孤独感，男人一直在战胜失败感，只有认清彼此之间的差异，站在对方的角度看问题，才能达到良好的沟通，建立幸福的生活。

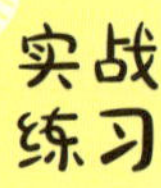

实战练习

不评论，只观察！记录他/她的表达方式

接下来就到了自我提升练习部分了，认真观察身边的异性，观察对方的表达方式。这次，你需要做一个观察者和记录者，尤其是要记录下对方遇到烦恼时的表达方式。

1 找一位你身边最亲近的异性（可以是你的丈夫、妻子，也可以是你男朋友、女朋友，或者是你的同事、好朋友，总之，必须是异性），然后请他/她喝咖啡或者吃饭，听他/她聊天，让他/她聊一件感觉不爽的事，并记录下来。

2 从对方开口讲事情，你就不能有一句评价，一句建议，必须耐心且认真地听，如果你实在忍不住想要说话，那就重复对方刚刚说完的那句话吧。比如对方说“我最近心情超级不好”，你就说“你最近心情超级不好？”别忘了，你跟对方的聊天，是在帮助你更加了解他们，而不是让你进行自我表达。虽然我很清楚让一个人闭嘴不表达是一件多么痛苦的事情，但毕竟这是你必须经历的自我成长训练。

3 为了避免对方认为你"疯了"，你一定要告诉对方你最近正在看一本书，跟对方说你正在学习听懂对方的话，学习怎样让自己更幸福。当然，如果对方也想了解这本书，请你认真地推荐给他／她，让他／她跟你一样，仔细看书，每天练习。

他／她和你是什么关系？

他／她的烦恼是什么？

他/她说了哪些话？

1.

2.

3.

4.

5.

6.

第8课

女人说，只想和你好好过一生

From tomorrow on, I will be a happy man

在看下面的内容之前，我先问你一个问题：作为女性，你对男人的主要抱怨是什么？作为男性，你对女人主要的抱怨又是什么呢？

如果你说："我从来没有过任何抱怨，我觉得跟我一起生活的爱人没有任何问题，我真没有什么好抱怨的。"那太好了，看来你有自己的一套很好的两性交往方式，懂得如何处理你们之间的关系。不过，我相信，大部分正在看这本书的"你"，应该会对和你一起生活的爱人有很多的抱怨和不满。

有一个数据我觉得你应该知道，那就是中国目前的离婚率。民政部发布的《2016年社会服务发展统计公报》里的数据显示，2016年中国办理离婚手续的夫妻一共有415.8万对，离婚率为3.0‰。这些夫妻离婚的三个最主要原因是：对方出轨、家庭暴力以及性格不合。

在进行情感咨询时，我经常听到情侣或夫妻之间彼此的抱怨，你要知道，每一个抱怨背后都是没有满足的需求，关于抱怨与需求之间的关系，我会在后面的内容中梳理出来让你了解，但今天，我先带你来了解跟你不一样的异性吧。

“战争”，总是一触即发

此刻，你可以一边思考我刚才提的问题，一边看下面大部分人都比较熟悉的两个场景。

场景一

这是一对新婚不久的夫妻。

因为丈夫的工作经常需要加班，所以小 C 总是一个人在家吃饭，连续好几天丈夫都是半夜才回到家。那天，小 C 下班比较早，刚好丈夫说自己当天没什么工作，于是他们就约好晚上一起在家吃饭。小 C 非常开心，她精心准备了丰盛的晚餐，但一直等到天黑丈夫都还没回家。她打电话问他在干吗，丈夫说：“老婆，对不起啊，回家路上公司又出现了紧急的情况，所以我又回去加班了……”没等他把话说完，小 C 就挂了电话。

等丈夫回来的时候，他一开灯看见小 C 坐在沙发上，就说：

“这么晚了，我还以为你早睡了。”

小C说：“你还回来干什么，住在公司好了。来来回回多麻烦。”

丈夫说：“我当然要回来了，我晚饭还没吃呢，正好吃点东西。”他一边说着一边走向饭桌旁准备吃饭，结果小C突然从沙发上跳起来，冲到他前面，当着他的面把桌上的饭菜全部倒进了垃圾桶。

丈夫被她的举动激怒了，生气地冲小C大喊：“你干吗呀！”

小C也对着他吼：“你知道我等了你多久吗？你要是有事就不要跟我说晚上回家吃饭啊！”

丈夫不希望吵架，所以耐着性子解释道：“我今天真的是有突发情况才临时又被老板叫回去加班的，你不要不讲理行吗，我又不是出去玩去了，我是真的在忙正事呢。”

小C情绪激动地说：“你又跟我提工作，工作工作工作，你就知道工作！你自己好好算一算，从结婚，我们才在一起吃了几次饭？你说我不讲理，我怎么不讲理了，你每天半夜三更回家，你当我是空气吗？”

丈夫叹了口气说：“那你要我怎么样，工作不干了，天天在家陪着你是吗？我们都不是小孩子了，我每天工作完已经很累了，你理解一下我可以吗？”

他的话还没有说完，小C就开始狂哭不止，说：“那你呢？你有没有理解过我的感受啊？我每天下班回家都是一个人坐在这里吃饭，别人家的老公一下班就陪媳妇，就我，每天都是一个人，都不知道结这个婚有什么用！”

丈夫听完更生气，说：“你怎么这么无理取闹呢？我今天没力气跟你吵架，等你冷静了再回来。”说完就拿着衣服和公文包离家而去，空留小 C 一个人继续在家里待着。

场景二

一对结婚多年的夫妻，某天下班回家后，妻子一直在忙活家务，收拾房间、准备晚饭，而抬眼一看，丈夫就只顾躺在沙发上玩手机、看电视。

妻子非常不满地对丈夫说：“你就不能起来做点家务活吗？这个家是我一个人的吗？难道只有你每天出去工作，我不是也有工作吗？孩子的教育问题是我的，家里的各种杂事也是我的，你每天就像是个外人一样，是把我当成这个家的保姆吗？这个家对你来说就像酒店一样，难道你就没有一点愧疚感吗？”

妻子的不满还没有发泄完，丈夫就忍不住还嘴了。于是他们俩因为这些家务琐事开始了激烈的争吵。吵到最后，男人为了赶紧逃离“战场”，不得不说：“好了，好了，是我错了，我错了还不行吗？”

妻子根本不想听他在说什么，接着抱怨道：“你嘴上说错了，可你改过吗？天天下班回家，不做家务，不管孩子，和我也没话说，孩子的学习一出了问题，你就知道和我吵，你觉得自己担起一个父亲的责任了吗？你每天在家里就只顾捧着手机玩，家人对你来说还不如手机吗？你是不是在外面有人了，是不是不爱我了？”

丈夫觉得这次道歉也解决不了问题，于是争辩说：“我也不是没有分担过家务活，而孩子的教育问题一直都是你比较了解，所以我才没有多问。有的时候我想和你沟通，但我一张嘴你就开始批评，说我这里不行那里做得不对，我每天工作那么累，你就不知道关心我一下吗？反正不管我怎么做，在你眼里都不对，最后都是我的错。”

这些话你熟悉吗？当你看这些内容的时候有没有感觉很烦躁，觉得这些问题统统解决不了了？

类似这样的抱怨，可是长年累月地在情侣或夫妻之间重复着，为什么会出现这样的局面呢？就像我之前说的那样，抱怨也是一种需求，或者说是因为某一方隐含的需求没有得到满足才滋生出抱怨，那到底深层的需求是什么呢？

想哭的时候，希望你是最暖的依靠

女性是一种非常重视情感的动物，很多时候，婚姻或感情出现问题，都是因为她们的情感没有依托，在婚姻中，她们最主要的需求是：安全感、倾诉和温情浪漫。

1. 安全感

记得《婚姻法司法解释三》颁布的时候，似乎走到哪都能听见大家在议论纷纷，《婚姻法》里规定了，不管婚前婚后，只要是由父母出资购买，登记在自己子女名下的房产，就认定为个人财产，不属于夫妻共同财产；还有婚前买的房子，登记在自己名下的，也属于个人财产，离婚时不进行分配；另外，婚前买的房子，婚后房子的升值部分与配偶无关，而这几条让很多女性抱怨不已，我耳边听得最多的一句话就是：这根本就是一部保护男人权益的法律嘛！

当很多女性发出这样不满的声音时，又有很多男人说，“看看，这完全暴露了你们女人就是想找张长期饭票，只要没钱你们就觉得没有安全感。”

我想你身边也一定有男性坚持认为“只要是女人，就是喜欢物质的”，他们认为只要自己有很多钱，有房还有车，就可以随便找女人了。其实，这是这些男人根本不了解女人的一种表现。

女人向男人要那些物质的东西，其实是因为在这个男人身上找不到安全感，才会希望死死地抓住一些东西来填补心里的空虚和寂寞。这就是为什么很多女人在离婚时，要使劲儿地多分一些钱。

回到我们的内容上，从心理学角度看，既然我们谈到男女的需求不同，女人对婚姻的需求是安全感，那你就要知道，女人的安全感是从什么地方获得的。

很多女人都有这样的习惯，经常问她的男人“你爱我吗”，男人很勉强地敷衍说“爱呀”，这个女人就会说“你肯定不爱我”。然后，他们就会开始对“你问这个问题烦不烦”进行一番博弈。

我和我丈夫是闪婚，我对跟他的第一次争吵印象特别深。那会儿我们刚结婚，有一天晚上，他在写稿子，我在看剧，突然我很认真地问他：“你爱我吗？”他回头看了一眼我，然后转回头说了一句：“这个问题很重要吗？”

你知道我当时内心的感受和想法吧，这个问题不重要吗，就需要你简单回答三个字，甚至一个字也行啊，你这都不愿意？

但是我那会儿情绪很好，他的这个回答还不至于让我不爽，于是我又很认真地和他说：“你到底爱不爱我啊，你就说‘我爱你’就行了呀。”

他又回过头来，认真严肃地看着我说：“这个问题你自己不知道吗？你看我做那些事不就知道了吗？”

你能感受到我当时都快气炸了的那颗心吗？“我只是问你爱不爱我，你回答这个问题就好了，扯那么多没用的话干什么呢”，这就是我当时的想法。

于是，我们就有了第一次争吵，当天晚上我俩就要不要说“我爱你”三个字，以及这三个字能代表什么进行了一番情绪饱满、语气高亢的辩论赛。当然了，这场辩论赛没有分出输赢。

关于安全感到底是什么，怎么能获得安全感，在前面的内容中我已经讲过了，这里再总结一下。心理学上认定的安全感是一个动态的词，世事纷繁变迁都可能影响我们的安全感，根据人本主义心理学家弗洛姆的观点，现代社会给予了人们极大的自由空间，而同时，人与人之间的联系和依赖程度日益减少，所以现代人经常体验到孤独和不安全感。

另一位人本主义心理学家马斯洛指出，心理的安全感是一种从恐惧和焦虑中解脱出来的信心、安全和自由的感觉，也是满足一个人现在和将来各种需要的感觉。

弗洛姆还阐述了现代人安全感日益缺乏的原因：当你在幼年时期，完全地依赖于父母，父母会给你规定种种界限和禁忌，此时的你虽然没有太多的自由，却有着稳定的归属感和安全感。随着年龄的增长，你变得越来越独立，父母可以施加的限制减少，你要逐渐学会单独面对社会，对自己的行为负责，由此伴随的结果就是归属感和安全感的丧失。

虽然对生活来讲，真正的安全感从来都是自己给予自己的，可事实上，再强的女人也需要从“你爱不爱我”“我很爱你”这些话中品尝出她们要的那份安全感。

所以，男女之间的第一个不同是，相比于男人，女人更渴望感情和婚姻带给她们安全感。

2. 倾诉

前面我提到过，女人运用于说话的脑细胞比男人多，每天女人要说的话也比男人多，女人在说话的时候会刺激大脑分泌一种化学物质，让她们在说话时能感到愉悦。并且对女人而言，说话可以帮助她们减轻焦虑，当她们遇到问题时，噼里啪啦说出来就能减缓焦虑情绪，然后她们的心情基本就恢复平稳了。

所以你能看到，在女人的世界里，聊天、八卦、分享秘密、互吐苦水，都是建立和维持关系的方式，沟通的形式比内容更为重要。而且女人们聊天时，谈的不是“我家那个讨厌鬼又忘记我生日”，就是“张姐昨天说我又胖了，真是气人”，等等。在男性看来，这些事简直是无聊至极，但女人就是喜欢津津有味地咀嚼它们。

我的培训课的学员群里基本上都是女生，经常我一打开手机，就能看到那个群显示已有上千条未读信息，看她们聊天的内容，真的就是一些男人认为的琐事，但她们乐此不彼地聊着。

而对男人来说，言语沟通只是实现其他目的的工具，而不是休闲的方式。很多时候，男人的“没事”，只是表明“我累了，我想休息一下”。就像几年前那个“段子”说的一样。

丈夫回家坐在沙发上发呆。

妻子走上前去问：“老公，你在想什么？”

丈夫回答：“我想静静。”

妻子这个时候哭喊着说："我就知道你有外遇了，赶快告诉我，静静是谁！"

为什么妻子会觉得如临大敌，因为在女人看来，有问题就一定要说出来，而且一定要和自己最亲近的人（妻子/丈夫）说，如果不说，那就是心里有鬼，就是不爱了。

对女人而言，一旦男人减少了和她聊天、沟通的频率，她就会感到被冷落，甚至怀疑两人的感情出现了问题，然后这些问题叠加，会直接上升到婚姻安全层面。所以很多男人说女人心海底针！

就像本课第一个例子中的夫妻，妻子在分享生活上的不顺心时，其实她要的是一份了解和关怀。如果做丈夫的能用心倾听，体会她的委屈，对她而言，沟通的目的就达到了，因为她们背后的逻辑是"因为我很重视你，所以才告诉你"，而在这一来一往"交心"的过程中，彼此才能真正互相了解。

3. 温情浪漫

女人天生就喜欢花，当你送一束鲜花给女人时，你能感觉她那种爆棚的喜悦感。而同样，如果你要送一束鲜花给男人，你能看到他礼貌地点头对你这个行为表示由衷的感谢，看清楚哦，是礼貌地点头。

同样，在现代生活中，房间里的灯光、墙壁的颜色、窗帘的色调、壁灯的明亮程度，这些细节都会对女人的身心产生影响，而男人对这些却反应麻木。

设想一下，如果你是男性，你要追一个女孩，准备邀请她吃饭，你会带她去一个普通的餐厅，还是那种点着蜡烛，放着舒缓的音乐，服务生都高颜值、穿戴整齐，散发着迷人香味的餐厅呢？你肯定也知道，当然是环境高档、有氛围的地方更容易打动女生。

如果你是女生，你想想，你更想去哪种餐厅呢？答案也是一样的，对吧？因为没有女生不喜欢浪漫。

而且，女人除了喜欢待在浪漫的地方，还非常喜欢听甜言蜜语，哪怕是为了应付或者礼貌，都会让她们兴奋不已。“女人都是听觉型的”，这句话明确告诉你，女人喜欢听好听的话，你想要讨她欢心，就不要吝啬你的甜言蜜语。当然，这句话其实也告诉女生们：这是你们最大的缺陷，有些男人就是抓住了你们这个弱点，用甜言蜜语哄你们开心，结果他们却是不负责任的渣男。

如果你是男生，在生活中，你可能不善于表扬别人，特别是表扬自己的女朋友或妻子，但你别忘了，在爱情中，真的是非常需要用语言来表达的。所以，千万不要吝啬说“我爱你”，也不要吝啬去夸奖一下“今天你穿得非常漂亮”；对于她的任何改变，如果你看见了，就发表一下积极的意见，就算你认为不好，也要委婉地告诉她，让她感觉到你是在乎她的。

很多时候，浪漫可以是全方位的，既有语言，也有动作，还有表情。现代的女性，就算到了六七十岁依然喜欢打扮，喜欢有情怀与有情调的感觉！

我记得我老爸有一次打电话“教育”我，那年他都快70岁了，他在电话里对我说：“我去给你妈买花，她过生日了，给她买一束花让花店老板送到家里去。”

相比我丈夫，我老爸真是一个特别会搞情调的人，这也难怪我对丈夫的要求那么高。

虽然很多女人也会说，只要和自己爱的人天天在一起就是最惬意和幸福的事情，在特殊的日子，男人即便没有送礼物，只要他有一颗陪伴的心，女人也会觉得很浪漫。但你要知道，这只是女人嘴上的敷衍之辞而已，没有哪个女人不喜欢收礼物，礼物也并非越贵越好。所以，出门时记住牵着她的手，路过花店时买朵花给她，就能让这个女人感觉幸福和踏实。

恰到好处的满足，胜过奢侈的礼物和情话

如果想要营造一段完美的亲密关系，让她有最强的幸福感，那么，男人可以针对女人对婚姻的需求，做到以下几点。

1. 尽可能多地陪伴与倾听她

给一个女人最好的礼物，不是多么昂贵的礼物，而是多抽出一点时间，给她一个温暖的拥抱，多陪陪她。不要害怕表达，适当地和她分享你的感受和想法，这样她会觉得你是站在她这边的，内心就会更加依靠你。同时耐心倾听她的心声，让她觉得向你倾诉是安全和舒适的。当你繁忙的时候，给她一句安慰：等着我忙完回来找你哦。

给你看几段女生的独白，这样你就能更加了解她们。

一定要找一个乐意天天和你说话的人在一起，不管恋爱还是结婚，都应该如此。

有些人会说“我性格就是这样，不爱说话，也不懂浪漫”。这世界不存在不爱说话的人，他只是不乐意和某些人话而已。如果你对象每天和你没什么话说，他多半是在别的地方对着其他人说完了。

独自出来旅行的路上，好先生千叮咛万嘱咐，生怕我照顾不好自己，总说怕我被别人骗了卖到山沟里去。我说：“我已经是个大人了，我可以搞定一切的。”他翻了个白眼不屑地说：“在我这里你永远都是小女孩。”

你最后爱上的，都是肯花时间陪你聊天的人。

2. 与女性朋友保持界限

无论男女，都应该有自己的朋友圈，但喜欢玩暧昧的男人肯定是让女人最为痛恨的，也是让女人最没有安全感的。对有责任感的男人来说，女性朋友只可认识但不能深交，更不能发生肢体接触。与异性界限清晰，行为自律，会增加女人对你的安全感。不要说你最烦多疑的女人，她们的患得患失就是因为你没有给足她安全感，你要让她相信你对她是专一的。

人本主义心理学家弗洛姆在《爱的艺术》中说：“我们渴望爱情，但爱情在我们看来如此稀缺。”其实在我看来，爱情并不稀缺，只是很多时候，身处爱情中的两个人跟其他人没有分寸感和界限感，结果让爱情与其他情感混淆了。分寸感是一种能力，是我们应该时时提醒自己保持的状态；界限感是一种安全界限，保护你们这段爱情在这个界限内不被打扰。

所以，掌握好分寸和界限，就能给对方以安全感。

3. 适时地嘘寒问暖

关心体贴女人的每一个需求，不要因为老夫老妻就忽略浪漫的气氛，要适时地制造浪漫机会，重温幸福时刻。你可以从言谈举止中真心地表现出对她的爱，对方一定会感受得到。她在做饭或者收拾屋子的时候，你最好能坐在旁边的沙发上，不需要你做什么，只要陪在她旁边，和她聊聊天就好。

当然了，在她不舒服的那几天能送上一杯你亲自熬制的姜糖水，比一句“多喝热水”的言语就更能让她感到爱情的温暖了。

4. 常送礼物

或许很多男人认为没有必要再去给已经成为自己女朋友、妻子的女人送礼物，或者觉得以前送过很多礼物现在已经不知道送什么了。但你别忘了，不管你的礼物有多昂贵或者多便宜，对女人来讲，都是温暖的。无论这个女人有多优秀或多大大咧咧，她也依然渴望收到自己爱的男人送的礼物。对女人来讲，礼物代表你的心意，代表你对她的关心和牵挂，代表你心里有她。礼物不需要多贵重，对女人而言，礼物表达的就是那句话——亲爱的，我记得你。所以，重要的节假日、生日、结婚纪念日，你都不要忘记，一份礼物，诚心奉上。

心理学家唐娜·道森表示：“统计数据显示，对婚恋中的男女非常重要的很多点滴小事都是免费的。也就是说，我们没有任何借口不让妻子享受一个浪漫而难忘的情人节。昂贵的礼物未必能够打动你的爱人，你需要做的是表现出发自内心的关爱。女人天生希望获得男人的关爱和彼此间进行交流，这是她们最看重的东西。男人言语上的关爱能够打动她们的内心。与女人相比，男人更喜欢行动，而不是语言，尤其喜欢与爱人共进晚餐，这会让他们觉得自己受到关爱。虽然两性之间存在差异，但彼此间的共同点更多，都需要在日常生活中获得对方的关爱。”

对恋爱和已婚男女最青睐的事情的调查

女性版

女性最青睐的10件事情

1.早晨的吻别
2.自发的爱的表达
3.约会之夜
4.外出就餐
5.浪漫散步
6.收到没有理由的礼物
7.浪漫的周末度假
8.爱人亲自下厨
9.收到鲜花
10.调情短信

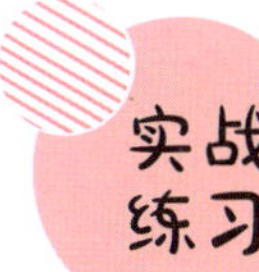

策划一次让人感到温暖的晚宴

策划一次精心的有意义的晚宴：无论你是男性还是女性，请用心策划一场美妙无比的晚宴，你可以邀请你们的朋友一起，也可以来一场大家庭聚会，当然，你也可以单独和你爱的人一起，无论怎样，满足需求就是满足人心。只要你这场晚宴有意义，只要你让当晚到场的人感觉到温暖，你就在通往幸福的路上又往前迈进了一步。

如果还没有做，也请你有机会去尝试一下。

如果你已经按要求做了练习，那就来记录一下你在这次晚宴中感受和学到了什么吧。

你邀请了谁？

你们在哪里举办的晚宴？

你为这次晚宴做了什么准备？

你们一起谈论了什么？

你有什么收获？

第9课

男人说，生活已然太累，为什么不让它有趣一点？

上一课我说到男女需求不同中女性的需求，我相信你在看的时候肯定会连连点头，肯定会说，“唉，可惜我身边那个男人不懂我啊”。当然，你也可能会笑着说，“我在看这个部分时，已经拍下照片发给我男友了，我要让他好好学习”。

不管你在用什么方式教对方满足你的需求，接下来的部分，你也要学会满足他的需求。

想和你一起疯一起玩，一起慢慢变老

在婚姻中，女人更加重视情感的满足，而男人更加重视自我成就感的满足，他们对婚姻最重要的需求是：性需求、被认可和玩到一起。

1. 性需求

美国加利福尼亚大学一项研究显示，男性大脑负责控制性意识的区域面积是女性的 2 倍，男性平均每 52 秒就会联想到性方面的事情，而女性 1 天大概只会想到 1 次。看起来有点不可思议，但这确实能说明男性的性需求高于女性。对男性而言，性的重要性只排在吃饭和睡觉之后。

有一个心理学名词，叫“柯立芝效应”，它源于一个故事。据说，有一天，美国总统柯立芝和夫人去参观一个养鸡场，参观时，夫人问鸡场主怎么用数量这么少的公鸡生产出这么多能孵化的鸡蛋，鸡场主自豪地回答：“公鸡每天要完成几十次交配。”夫人于是提高声音说：“不要忘了把这档事告诉总统。”在不远处的柯立芝总统听到了，转而问鸡场主：“每只公鸡都是为同一只母鸡服务吗？”鸡场主回答：“不，它们为不同的母鸡服务。”总统于是也提高声音说：“请你把这档事转告总统夫人。”

心理学家后来也用小白鼠做过这个实验。他们把一只公鼠和四只发情的母鼠放在同一个笼子里，他们发现公鼠会不停地和四只母鼠交配，直至筋疲力尽。当公鼠疲惫到似乎再也不能继续交配的时候，实验者再放一只新的发情的母鼠进去，公鼠又会和新的母鼠交配。

看完这个效应以及心理学家们后续的实验，你是不是更加了解男性对性的需求有多重了？当然，这个效应和调查其实也表明，女性对性和关爱的渴望也很强烈。

如果你是女性，是不是会觉得公鸡和公鼠真的都是“禽兽”，都是“用下半身思考的动物”？如果你是男性，看到这里你肯定会觉得，这就是事实啊，男人的需求就是这样的，这没什么大不了。

但无论你是男是女，我写下这些内容只是为了让你更多地了解一些事实，而不是让你有其他攻击性言语评价。所以，看完了柯立芝效应的实验，你就要了解到，男性对性的需求程度是高于女性的；同样，女性对性也是有需求的，但与男性不同的是，女性更多地需求来自感情的安全感。

为什么男人眼里好像只有性，只注意表面的东西？这是因为性给人的感觉本来就是感官刺激；而且，性也是一种释放压力的方式。女人通过语言宣泄自己的压力，她们可以把心里的不愉快说出来。但男人却不同，他们认为向他人倾诉是自己无能或示弱的表现。那男人的压力怎样释放呢？性就是理所当然的一种释放渠道。对男人来说，性释放压力的作用大于表达感情的作用。社会和女人不容许男人有软弱的一面，而性却可以帮他们释放情感，他们也习惯借助这种看似强大的方式来宣泄压力。当然，我这么说并不是赞同他们通过性的方式释放压力，而是让你从这个角度去了解他们。

2. 被认可

如果你对大自然中的动物有过观察，你会发现，强大有力的雄性总是能获得更多雌性的喜欢，因为这样他们生出来的后代才更健康，才更有机会打败敌人生存下来。其实男人也是一样，他们之所以努力工作，就是想获得更高的社会地位，以此吸引更优秀的女人。

男人都渴望成为女人心中的英雄、身披铠甲的武士。他们认为，只要女人认可他，就意味着通过了“考试”。女人的认可，就意味着她承认男人的品质。

就像有些女人动不动就会冲着自己的男友或丈夫来一句：“你算个男人吗？”对男人来讲，听到这句话时，他们的反应是：你认为我不是男人！你不认可我！那我走掉好了！女人的不认可会严重伤害男人的自尊心，即便他现在不发火，内心也已经受到了严重的创伤。如果哪一天他突然走掉，或者突然对你咆哮，也许就是因为他已经积压了太多不满。

著名导演李安曾经说过：“我今天的成功，要感谢我的妻子在我落魄的时候仍然不离不弃，一直在我的身边支持我、陪伴我。”他说，要不是碰到林惠嘉，他可能就没有机会继续电影生涯。

在纽约大学学习期间，李安就表现出了在导演方面的非凡才华。1984年，他的毕业作品《分界线》获得了纽约大学生影展的最佳影片奖及最佳导演奖，他也取得了电影硕士学位。毕业后，李安留在美国，试图开拓自己的电影事业。但一个没有任何背景的华人，想在美国电影界混出名堂谈何容易。最初有一家经纪公司看中了李安的才华，答应做他的经纪人，但李安一直没有适合美国人的剧本，经纪人也只是空谈。

从此以后，李安在美国开始了长达 6 年的等待。那段时间，李安失业在家，主要靠妻子在外工作，养家糊口。李安每天在家除了大量阅读、看片、埋头写剧本以外，还包揽了所有的家务，负责买菜、做饭、带孩子。

在这六年里，李安也动摇过，甚至一度想要放弃电影改学计算机，妻子察觉到了他的消沉，一夜沉默后，第二天上班前留下一句话：“安，要记得你心里的梦想。学电脑的人那么多，而李安只有一个。”多亏了这句话，让李安成为李安。

所以李安说，他后来的成功，要感谢妻子在他落魄时仍然不离不弃，一直在他的身边支持他、陪伴他。

看到这里，你是不是有那么一点点感触，你是不是也想到那句话：每一个成功男人背后，肯定有一个支持他的女人。而这种支持，有时就是一句话，一点认可。

如果一个女人能理解她爱的男人的想法，能接受他的言语、举动和感受，仅仅是这样，男人就会感激万分，就会更爱他的妻子。

可是，很多女人容易犯的错误就是，不管人前人后都对丈夫多批评少赞赏，她们真的不清楚，天下所有成功的男人都是称赞和鼓励出来的。男人就像是小孩，越赞赏越奋起，批评则会严重削弱他的斗志，特别是来自妻子的批评。

当然，私下里适当的批评有时也是需要的，但总体上还是要以正面的鼓励为主。男人的想法总有很多，有些可能还挺天真，作为他的妻子，你更多地是要去鼓励、支持他，也许天才的诞生就在你的一念之间。

3. 玩到一起

夫妻之间的矛盾升级常常是因为两人相处久了，彼此对许多事情变得漫不经心，不愿主动了解和关心对方，对对方的兴趣爱好视而不见，却将对方的缺点任意夸大，缺乏相互理解和心理沟通。这就导致两个人都无法了解到对方真正需要的是什么，在感情中多数会出现“我给你一车苹果，你却不高兴，非说要一根香蕉”的情况。

“玩到一起”是一种曲线救国的方法，说的是恋人双方可以培养共同的爱好，建立共同的语言。只要两人拥有了共同爱好，彼此在一起的时间和交流话题就会明显增加。比如，丈夫说今天想去钓鱼，妻子听了特别开心，想着自己正好可以去大自然呼吸一下新鲜空气，还可以坐在旁边悠闲地看书，或者和丈夫聊聊天，当她能这么想也这么做的时候，夫妻俩的关系就会很融洽。

美国丹佛大学婚姻与家庭研究中心发现，能够一起玩乐的伴侣，大脑中会分泌催产素，能缓解紧张、降低恐惧，给人带来安全感和快乐感。这一点对男性尤其重要。

如果男性认为妻子仅仅是照顾家庭的女性伴侣，未来 5 年婚姻出现危机的可能性高达 50%；而当男人将自己的另一半当成“最好的朋友”时，未来 5 年发生离婚的可能性则非常低。

即便夫妻两人性格差异较大，也不会妨碍两人拥有共同爱好。比如夫妻俩平时可以一起打球、游泳、摄影，同时读一本书，一起商量改造家中的装饰，一起养一只宠物，一起做美食，等等。夫妻还可以共同尝试新鲜的事物，比如学习新的技能，认识新的朋友，一起出去旅行，这些都可以为婚姻生活带来新鲜感。而一个人看电视、长时间上网等缺乏交流的活动则对婚姻幸福无益。

我们常说“夫妻就要共同成长”，当你们在一起成长的时候，就会提升彼此的魅力，就会共同见证参与了对方的成长，就会大幅提升对彼此的认可度。

放下疑惑，他就是你的“守护神”

想要让男人爱你、宠你，你需要针对他的需求，对症下药，做到以下几点。

1. 发自内心地看到他的优势

只要你说“老公你行”，他就会很努力很上进。如果你老说“老公你不行”，他就容易颓废，不会坚持地追求，因为他心里没了奋斗的动力。而且，你要知道，不管是他有上进心开着轿车，还是没追求骑着自行车，坐在旁边的都是你，但他开轿车还是骑自行车却取决于你对他的态度！另外，对不同的男人要用不同的赞美方法，你可以观察生活中他的举动，自然地去赞赏，小小的赞美就可以让他提起劲来。

2. 给他做决策的空间

大部分男人，都想成为家中或整个家族的支柱和骄傲。只要你给他做决策的空间，他就会很有担当，就会更加努力！假如是你很努力，全家族都很佩服你，说我们全家就靠嫂子了，那他还今后怎么“混”呢？这种情况下，你们更容易出现矛盾。所以，聪明的女人一般都会把功劳让给男人，这样男人就会有感觉，就会兴奋，同时还会觉得自己有这样的能力是因为娶了这样一位优秀的太太。

3. 信任他的能力

尤其不要在工作上打击他，尽量不要与男人针锋相对。同时，多使用他的能力，他的肩膀是用来被依靠的，而依靠他会加强他的价值感。还有，不要轻易怀疑他做出的决定，哪怕他有的时候因为情况紧急没办法和你多说，也请相信他这么做有自己的原因，相信他在日后一定会主动向你解释清楚。

4. 经营共同的爱好

你们可以从共同完成一件事情开始，双方都要做一部分，这既是培养感情的一种方式，也是诸多默契产生的基础。根据他的喜好和特点，找到一个两人都感兴趣的项目来进行比较适宜。在平时休闲时，可以找一些比较小型、轻松的活动，比如一起去跑步、游泳、打球等。长期一点的可以是一起旅行，共同养一只宠物，一起学跳舞等。

5. 关注性事

不要因为对彼此太熟悉了，就不再在乎在男人面前的形象，同时你要把夫妻性生活列为重要事情来经营，而不是被动地接受，否则降低了男人的感受，风险自然也就多了。通常而言，一个女人越爱一个男人，就越希望他能获得性满足。正视他真正的性需求，才能调整关注度，使双方的关系变得更加融洽。

对恋爱和已婚男女最青睐的事情的调查

男性版

男性最青睐的10件事情

1.早晨的吻别

2.外出就餐

3.自发的爱的表达

4.约会之夜

5.浪漫的周末度假

6.浪漫散步

7.爱人亲自下厨

8.收到没有理由的礼物

9.调情短信

10.收到鲜花

实战练习

制造浪漫，只谈情，不谈事！

如果你想着手改善你们之间的关系，我希望你从以下几件小事开始做起：

1 如果你是男性，用心制造一次浪漫的机会，哪怕是为她买份小礼物。

2 如果你是女性，真心赞扬一下他最近的表现，想想自己是不是很久都没有认可他了。

3 偷偷买两张电影票，看一场爱情影片，借机回忆一下彼此的爱情点滴，这次只谈情，不谈事，因为谈情才能说爱嘛！

最后，我想和各位分享一句话，“我爱你不是因为你是谁，而是我在你面前可以是谁”。男女对“爱情”这个词本来就有完全不同的理解，我们能做的不仅是承认差异，还要学会聪明地利用这些不同，创造出更加融洽的婚姻生活。

第 10 课

即使说着不同的语言，我依然能听懂你

在恋爱婚姻关系中，深爱对方的男男女女却经常因为沟通失败而相互怨恨，这样的例子，不胜枚举。

虽然大家都共同生活在地球上，婚恋关系中的彼此也基本上说着同一种语言，可很多时候“鸡同鸭讲”的情况还是阻碍了恋人们的沟通，很多时候他们虽然看起来在说同一件事，但稍稍过几分钟，两人就根本不在同一频道上了，这让许多恋人深感郁闷，他们完全不清楚为什么好好的沟通最后就会变成吵架。

在我的咨询室，我经常会接待这样的恋人或夫妻，他们总说：“我们很认真地沟通了，但是事情依然得不到解决。”

我们的差别，犹如艺术家与科学家

先来分享两个小场景，让你看看，他们是如何沟通的：

场景一

傍晚时分，丈夫下班回到家，细心的妻子发现他脸上气色不大好，便关心地问道："你回来啦，今天工作顺利吗？"

丈夫叹了口气说："嗯，还好。"

妻子心想不妙，于是就接着问："到底怎么样？今天的项目谈成了吗？"

丈夫有点不情愿地转过了头："还可以！"

而妻子又提高了声调，走到他面前说："什么叫还可以？到底是谈成了还是没谈成呀？"

丈夫皱了一下眉，音调也高亢起来："我都说了没事了！"

妻子恍然大悟，赶忙又说道："怎么了？难道是出什么错了吗？我早就提醒过你这事有难度，你非不听，现在局面难以收拾了吧。”

丈夫终于忍不住了，大声地吼着：“你烦不烦啊！天天唠叨，能不能让我自己安静一会儿。”说完转身回到书房，把门一锁，晚饭也没吃。妻子站在客厅，想了半天也没明白自己刚才到底哪里说错了。

场景二

小颖和男朋友有一次约着去外面吃饭，回来的路上，小颖的男朋友突然对她说：“我发现你好像又变瘦了。”

小颖想知道自己究竟是从什么时候瘦下来的，于是就多问了一句：“你说我瘦了，是跟什么时候对比的呢？”

男朋友皱着眉头说：“我也说不出来，就是感觉你瘦了点。”小颖非要问出个所以然来，于是不停地追问。

她男朋友终于忍不住了，脸色冷下来说：“我就搞不懂了，你为什么总是不相信我说的话呢？我夸你，你却觉得我不是真心的，那你到底要我怎么做呢？”

小颖当时就愣住了，说：“我没有在怀疑你说的话啊，你有没有听清楚我说什么，我就是单纯地想知道自己大概从哪个阶段瘦下来的，你直接告诉我是半年前还是一个月前，或者是几天前不就好了吗，干吗要熊我？”

听完这段话，她男朋友还是很抓狂，最后两人就这么保持沉默地走回了学校。

我有一个特别文艺的女性朋友曾经说过，男女之所以没法在同一个频道沟通，是因为当上帝创造男人的时候，他只是一位教师，他的提包里放着理论课本和讲义；而当上帝创造女人的时候，他却变成了一个艺术气息浓厚的艺术家，提包里装满了彩色画笔和艳丽的图画。

这种“造物”的不同，导致男女在沟通时经常发生偏差。语言学家德博拉·坦嫩认为，男女沟通产生困扰的关键在于，他们相信这世上只有一种正确的说话方式，只有一种正确的倾听方式，或者只有一种正确的伴侣关系，而事实上，男女存在对话形态上的性别差异，而且这种差异非常大——也就是我们说的沟通的目的不一样！

接下来，我一点一点地详细分析。

人际需要的三维理论

说到沟通的目的，我们先来了解美国社会心理学家威廉·舒茨的“人际需要的三维理论”，舒茨认为，每一个个体在人际互动过程中，都有三种基本的需要，即包容需要、情感需要和支配需要。

1. 包容需要

包容需要是指这个人想要与其他人接触、交往，想要属于某个群体，并且希望与他人建立并维持一种满意的相互关系的需要，这是一种希望被别人接纳的心理欲望。

每个人都希望可以被他人认同，无论是在学校，在工作中，还是在平时的生活交往中，只有被他人认同，我们才能与他人达成更满意的互动及伙伴关系，毕竟，谁都是需要小伙伴的，对吧？

在你的成长过程中，如果你的社会交往经历过少，与父母之间无法正常地交流，和周围的小伙伴也缺乏适量的交往，那么你就会与别人形成否定的相互关系，最终形成低社会行为。低社会行为就是说，在行为表现上你会倾向于与人保持距离，拒绝参加群体活动。反之，如果在早期的成长经历中接触过多的社会交往，你又会形成超社会行为，成年后就会过分地追求他人的注意，热衷于参加群体活动。

如果你在早期能够与父母或他人进行有效的、适当的交往，这样就不会产生人际焦虑，就会形成理想的社会行为。而这样的人会依照具体的情境来决定自己的行为，决定自己是否应该参与群体活动。

2. 情感需要

情感需要是指这个人有爱别人或被别人爱的需要，是一个人在人际交往中建立并保持与他人亲密的情感联系的需要。

这种心理欲望反映的是一个人表达爱及接受爱的程度。每个人都有付出情感与获得情感的期望，并且会运用语言和非语言的方式表达情感，从而保持彼此间爱、崇拜和热爱的关系。

当一个人在早期经验中没有获得爱的满足时，他们就会倾向于形成低个人行为，即表面上对人友好，但是在自己的情感世界深处却始终与他人保持距离，总是避免亲密的人际关系。如果一个人在早期的经历中被身边的人溺爱，他就会形成超个人行为，在行为上会表现出强烈的寻求爱的倾向，并总是在任何方面都试图与他人建立和保持情感联系。

而在早期生活中经历他人适当关心的人，则可以形成理想的个人行为，也就是能适当地表现自己的情感和接受别人的情感，他们自信可以讨人喜爱，也能够依据具体情况与别人保持一定的距离。

3. 支配需要

支配需要是指一个人有控制别人或被别人控制的需要，是这个人在权力关系上与他人建立或保持满意人际关系的需要。这是人希望能够有效影响周围的人与事的需求，期望在保持个人权力的同时影响他人。

在早期生活经历中，如果一个人成长于自由与民主的家庭环境里，他就会形成既乐于顺从又可以支配的行为倾向，他们往往能够顺利解决人际关系中与控制有关的问题，根据实际情况适当地确定自己的权力范围。

反之，如果早期生活在高度控制或控制不充分的环境里，他们就倾向于形成专制型或是服从型的行为方式。采用专制型行为方式的人，通常有着想要控制别人，但却绝对反对别人控制自己的心理状态，他们喜欢拥有最高统治地位，喜欢为别人做出决定。而采用服从型行为方式的人，则会表现得过分顺从、依赖别人，内心完全拒绝支配别人，不愿意对任何事情或他人负责任，很多情况下他们甘愿成为别人的配角。

看完上面这些内容，你可以根据自己的生活经历评估一下，男性和女性分别以哪一种需要为主。如果你还没有感觉的话，再看看下面这个清晰的场景故事你就知道了。

如果平时留意的话，你可以发现一些男女之间有趣的沟通。

比如，一个小男孩说“我打的球能飞到 6 层楼那么高”，那第二个男孩就会说“我的能飞到 10 层那么高”，第三个男孩就会说：“我的能飞到天上！”

一群女孩们在一起玩，其中一个说“我妈妈戴隐形眼镜了”，另一个也会兴高采烈地说“我爸爸也戴了”，第三个女孩会说“我妈妈穿的裙子还特别漂亮！”

看完这两个场景，你大概能感觉出来，男孩的语言交流是一场有关于“层级”的竞赛，他们想展现出自己的能力，每个人都想比对方更强；而对女孩来说，和对方一样是一件很值得高兴的事，她们注重的是在交流中获得的情感体验。

所以，结合上面“人际需要的三维理论”的内容，现在你感觉到了吧，男人的沟通以控制为主，而女人的沟通则以情感交流为主。

既然男女沟通的类型不同，那具体在什么地方有不同的体现呢？

我想和你谈感情，你却在跟我讲方法

男人习惯以解决问题为目的的沟通模式，他们的沟通目标十分明确。一般而言，男人沟通的习惯是先讲“结果”，谈话是为了解决某个问题，他们每次谈话的背后都存在一个需要解决的问题或需要阐明的观点。他们沟通是为了尽可能有效地找出困境的根源，希望尽量有效地发现原因，解决问题。

这样看来，男人沟通是为了展示自己的能力，所以话题的内容也多以运动、政治、哲学、世界大事、重大社会新闻为主题，以显示自己的博学多才和深刻见解，而结果就是“重事而轻情”。

女性往往期望通过沟通建立良好的关系，通过交谈表达情绪与感受。她们将交谈看成一种“内心感受分享会”，希望借此释放负面情绪，增强两人之间的亲密感。女性沟通习惯强调“过程”，凡事从头说起，最后才归纳出事情的结果及原因。

所以，女性沟通是为了传输感受，她们的交流也多以娱乐、情感、艺术、家庭琐事为主题，结果就是“重情而轻事”。

我举一个例子，你就能更清楚了。

男人：我下班了，你在干吗呢?

女人：感冒了，刚从医院回到家。

男人：现在是流感高发期，要多加小心啊，我们办公室也有好多同事都中招了，今天公司还给我们发了口罩呢。

女人：哦。

看完这个对话，你能感受到，男人说话的重点一直没有放在女人身上，他强调事情，强调该怎么做，强调跟这件事情相关的事情，但他就是不关注女人的感受。所以男人应该注意，在女人情绪低落的时候，她们要的就是对方关注她的感受和情绪。而通常，男人像消防员救火一样，急于尽快灭火，解决问题，却忽略了女人难过的情绪。女人说话就是为得到男人的关心、安慰和爱意，而不是要马上听到解决方法。

明明在争吵，却不在说同一件事

我有一对结婚 6 年的客户刚刚离婚，离婚的原因是男人觉得自己在婚姻中没有自由。女人给我放了一段他们俩对话的视频。你可以看看，想想自己看完这段话后有什么感觉。

女人：亲爱的，你赶紧起床吧，我弟弟马上就要来了。

男人：我再躺一会儿，你弟弟又不是外人。

女人：现在已经12点了，你也应该起床了啊，你不能总是这么躺着，而且你现在已经醒了，你看你在玩手机呢，又不是在睡觉。我弟弟是不是外人，但过门是客，他好歹也是客人啊。你是做姐夫的，昨天就睡了一天了，现在都中午了，你要是没睡够，吃完饭再接着睡。

男人：好了，我一会儿就起来。

女人：我也不是要说你，但是你这样整天躺着确实不合适，像你这样早饭也不吃，每次吃饭的时候都要喊好几次才过来，然后饭都凉了才吃，也难怪你总说胃痛。胃痛就是因为你作息不规律，要是作息规律，你就不会这样。

男人：你烦不烦啊，啰啰唆唆的，我说了过一会儿起来。

女人：……（矛盾开始）

就这次他们俩的沟通而言，发生冲突是因为他俩想法不一致：两人想要的互相违背。但这件事所反映的却是男女之间更深层的差异。在争执中，男人关心的是他的独立性，以及他有没有自由行动的自主权；而对女人而言，她表达的关心和对于他们俩人之间情感关系的维系，不仅没有得到男人的理解，反而引发他的不满，所以她觉得自己的感情受到了伤害。

当然，我们都知道，男人骨子里都不愿意接受女人对自己发号施令。因为他们讨厌自己的能力受到他人的质疑，讨厌自己的空间被对方侵犯，讨厌被约束，所以如果女人说“你应该做……”“你不可以做……”“你必须……”这种话，就会让男人产生抵触情绪，继而沟通出现问题。

总结起来就是说，在沟通过程中，男人很认真地在说事，满脑子的解决方案；而女人是假装在说事，其实是在借事说情。所以，男人和女人说的根本不是一回事，这就是男女交往中出现“鸡同鸭讲”现象的重要原因。

既然你已经看到了男女沟通上的差异，那你应该很容易理解沟通中出现的问题，以及“话不投机半句多”的感觉从何而来。

做到良性沟通，你会发现爱一直在

在生活中，往往男人与女人总是说着不同的话，这是由双方特征决定的，但是我们怎么才能减少和爱人“鸡同鸭讲”呢?

1. 女人要这么做

当男人表达的时候，女人一定要尊重他的权威性，听他说完，不要急着插嘴；即使你不同意他的建议，也不要贬低他的能力。

不必过分介意男人说话的语气与态度，在很多时候，他们激烈的语气往往是在乎你的表现。

在情感表达上，笨嘴拙舌不是他的错，你需要多用带有情绪的词汇明确表达自己的感受，他才能理解。

牢记先跟后带的原则，第一句话永远不要否定对方，在认同他的前提下，才可以阐述你的立场和想法。

2. 男人要这么做

当女人开口说话时，请你不要立刻给予建议，她不是在向你寻求解决办法，更多是想要加深你们之间的亲密关系。

不要怪她情绪化，夸张地表达本身就是她需要你的信号，无理取闹只不过是让你关注她情绪的手段。

如果手中暂且没有紧急重大的事，多花一点时间听她诉说，让她在你关切的目光和感性的回应中感觉到你的爱意。

唠唠叨叨不是她的错，她只是在用这种明显的方式找寻存在感，而你的倾听陪伴是对她最好的爱。

总结一下，由于认知的差异性，男性和女性沟通的目的有所区别。假如你和伴侣产生冲突，就一定要提醒自己，你们所说的，乃是不同的语言！你必须花上一段时间，准确地“译出”对方的语言和心声。

提醒男性朋友，你们可以“捂住耳朵”和女人沟通，这里的“捂住耳朵”只是象征的提示，不要被表面字眼误导了，我指的是你要多用眼睛观察女人的表情，因为那才是她们的真实情感诉求。

提醒女性朋友，你们需要学会用语言直接表达出你的心情，激发男人的右脑，少了猜测环节，更有利于彼此之间进行了解。

实战练习

三天，不批评一句，你能坚持吗？

尝试训练一下以上技巧，你会发现变化就在当下。良好的双方关系，要从好好说话开始。所以，这次的小技巧就是，减少抱怨，增加表扬。

随着两个人彼此熟悉程度的加深，赞美的话就越来越少，批评指责的话就越来越多，没有谁愿意总听别人抱怨，所以这次的练习需要你在此后的三天中，不批评对方一个字，也不对对方有一点点的抱怨。坚持三天，看看效果怎样。

最后，你要记住一句话，这是一位美国女作家说过的，“没有比永远不可能再相爱的两个人住在同一屋檐下更可怕的事”。如果你想让你们俩彼此的沟通都很顺畅，记得沟通时你们一定要彼此相爱。

第 11 课

所有的坚强，都曾被泪水洗过

美国有一家市场研究公司曾经进行的一项调查中显示：男人的压力主要来自工作问题，而女人的压力主要来自生活和家庭问题。

所以，下面我们的话题、提到的案例，以及未来要如何解决，我都希望你能从这两个不同的角度来看待。

先来看这样一句话。

“老公，加油！我相信你能行，等你的好消息！”

现在，如果你就是这位丈夫，听到这句话，你是什么感觉?

而如果你就是这位妻子，想一想，你说这句话的目的又是什么呢?

如果你是女生，你是不是会说，“我当然是在鼓励我老公啦，所以才说这样的话”。然而，你可知道，在你看来是非常用心的一句鼓励的话，在你丈夫这边却有可能听出不同的意思来。

不要惊讶，事实就是这样。让我慢慢告诉你。

当丈夫心情很好的时候，他会觉得“我老婆真贴心，我老婆特别支持我”，这样，这句话就让他产生了强大的动力，他就会积极努力地去干活，而且还会满心欢喜。

可是，如果他那段时间正好心情不好，压力大，工作没有什么进展，当然了，可能平时你对他还有很多挑剔，觉得他不能赚钱，工作也很一般，又没有上进心，等等。这个当丈夫的心里就会想，“烦人，你怎么一天到晚都在催我，我已经很努力了”“我怎么总是不能达到你的期待，我到底要怎么做你才能满足啊”。当丈夫这么想的时候，他就会产生很大的压力。

你可能会觉得奇怪，为什么一句“加油！我相信你能行，等你的好消息”，对女人来讲是鼓励，对男人来讲会是压力呢？你前边不是还说要多鼓励多赞美丈夫吗？接下来，在这课的内容里，我会专门来讲男女对压力的不同理解。

到最后，压力总会以某种方式释放

关于压力的来源，心理学上认为，人的压力主要来自三个方面的焦虑：身体、价值和关系。另外还有一种说法是，人的心理压力来自社会、生活和竞争三个方面。我们从第一种说法的角度来讨论这个话题。

先说说压力的来源，它主要来源于大脑认知为对个人生存造成威胁的事物。人的内心冲突以及与之相伴随的情绪体验是心理学意义上的压力。从心理学角度看，压力是外部事件引发的一种内心体验。完全没有压力存在的生活是不存在的，在我看来，心理压力的本质也就是生活在提醒我们可以在某些方面尝试新的处理方式。

你可能还不能完全理解上面的说法，那我用一个例子来说明这三个方面。这个场景在家庭生活中很常见。

丈夫加班到凌晨才回家，精疲力竭，一句话也不想说，甚至有种辞职的冲动。而当丈夫回到家，妻子开门就问：“老公，怎么这么晚才回来啊？”

下面我从身体、价值和关系这三个角度对这个例子进行分析和解读。

1. 身体压力

丈夫加班到凌晨才回家，已经精疲力竭，一句话也不想说，甚至有种辞职的冲动。当他回到家，妻子开门就问：“老公，怎么这么晚才回来啊？”其实妻子的想法很简单，就是想表达一下关心，但她没有意识到这时候丈夫的身体已经进入了报警状态，并直接引起了情绪上的波动。

身体有压力时是什么样的感受，我相信你应该体验过。

爱忘事、脖子疼、肌肉僵硬、胃疼、腹泻、失眠多梦、皮肤暗淡发黄没有光泽，当然，还有什么内分泌紊乱、情绪化等表现，都是身体在告诉你，“你有压力了”。

所以，人的心理压力很容易反映到身体上，在身体不堪重负的时候，它就会给人发出警告。比如这个加班晚归的丈夫，他肯定在回家的时候面露困意、身体僵硬、疲惫不堪，那这个时候听到妻子对他说“怎么这么晚才回来啊”这句话时，他内心会进行这样的翻译：你难道看不到我都累得像狗一样直不起腰了？在公司里要不停地回答这种那种问题，回到家，你不仅不关心人，还开始教训我。我这么拼命，不都是为了这个家，你怎么还好意思怪我这么晚回来？

丈夫之所以会有这种想法，其实就是因为他的身体已经扛不住这样的压力了。就像有很多人，在和对方相处的过程中，有时候特别容易在一些小事上纠结，和另一半的对话也经常以吵架结束。其实，这都是因为他们的身体感觉不适，感觉有压力的一种外在表现，即情绪化。人很多时候是不善于表达自己的精神压力的，我们大部分的压力，说到底都会通过身体外在的方式表达出来，这种方式看起来比较隐晦，但其实如果你稍加留意，就能察觉到自己或者别人在身体上有压力时的表现。

举个例子，你去上班，同事和你说：“唉，我昨天晚上翻来覆去就是睡不着。”听到这句话，你的第一反应是思考她在因为什么事情而烦恼，当你有这种想法的时候，其实就代表她有很大的压力。人体是一个特别奇妙的大工具，对能从远古在恶劣环境中生存下来的人类来说，我们体内保留着这样的信息：一旦入睡就意味着你暂时失去战斗能力，容易被攻击。所以，当有压力的时候，人的神经系统会保持兴奋感，不让你入睡，以便让你能随时起来战斗，当然了，这一场战斗是抵抗压力事件的战斗。

2. 价值焦虑

妻子没有意识到此时丈夫的身体已经进入了报警状态，并直接引起了他情绪上的波动。

这时候丈夫的焦虑比刚才的身体焦虑又多加了一层：价值焦虑。他认为自己的价值没有得到妻子的肯定，但是因为身体太疲惫不想吵架，想赶快休息，于是声音低落地随便说了一句：“刚加完班。”

下面我们先暂时退出这一场景，来看这样一份报告。

北京大学社会调查研究中心《2012 年度中国职场人平衡指数调研报告》里调查显示，30.3% 的人每天平均工作时间为 10 小时及以上，17% 的人每天工作 8 小时以上 10 小时以下，35.35% 的人每天工作 8 小时。

我们再来看一个案例：

26 岁的小张在一家 IT 公司做“程序猿”。每到春秋两季最忙碌，因为这时是 IT 产品发布新品的最好时机。“每天深夜别人休息时，我们却在办公室忙得热火朝天。黑漆漆的夜里，整个大厦只有我们部门这几层灯火通明，大家美其名曰‘银腰带’。”小张说，去年听到同类公司里有年轻员工猝死的消息，大家都紧张了一阵，但很快就过去了。“能怎么样呢？你要么习惯，要么离开。”大部分人的选择还是半夜十一二点灰头土脸地打车回家，第二天早晨8点半再“容光焕发”地来公司。

这些年轻人为什么要这么拼？你可能觉得他们仅仅是为了更好地生存，为了赚更多的钱。但你不要忽略，作为男性的他们，更多的时候是为了得到更强的社会认同感。也就是，他们需要通过努力的工作来证明自己的价值。

在网络上，我们经常能看到这样的话：“女人只会被高价值的男人吸引”“如何从一个男人花钱的方式看出他的价值”“从穿着看一个男人的品味”“女人更爱有事业的男人”。看到这些话，无论你是男性还是女性，你会不会感受到强烈的压力，感受到社会对你的认可来自你的价值，而这个价值，有时候仅仅就是指你兜里金钱的数量。

再来看看这段话：“能在工作中做出成绩的男人，首先都是热爱自己工作的人。男人有了事业，才有安身立命之本，你很难相信一个不热爱自己事业的男人会对家庭有责任心。所以，男人要热爱自己的事业，在工作中创造自己的价值。”

我的一个前同事辞职去创业，原因就是准备跟他结婚的女朋友的家人觉得他没有钱，说他没有能力在北京城里买房子。然后，恋爱两年的女友没有丝毫眷恋地和他分手了。他说这件事给他的打击很大，他原本认为自己这些年的拼命、努力能够得到女友的认可，没想到最后她对一个男人价值判断的标准还是他到底有多少钱。

当然了，整个社会现在对男性价值的认可也都在于他有没有很好的事业，能不能赚很多的钱。

回到这个丈夫身上，当他面对妻子的询问，感觉到自己的能力不足以让别人认可，自己的工作得不到很好价值体现时，他就会产生一种憋闷烦躁的感觉，这种感觉对他来说就是压力。

中国的男人们经常被《论语》中那句“三十而立”而压迫，仿佛 30 岁之前事业不成功，家庭不圆满，人生就很失败，所以 30 岁以后的中国男人都很焦虑。

但是，我们都忘记了，孔子所说的“三十而立”的本意其实是：这个时候懂得了礼，言行都很得当。

财经作家吴晓波也说过：“我们现在的焦虑，可能是成长的焦虑，是希望获得成功的焦虑。”

在徐峥和黄渤主演的电影《心花路放》中，人到中年的耿浩就遇到了更为焦虑的事情：离婚、事业失败、生活颓废。为了帮耿浩摆脱痛苦，郝义带他一路去寻找艳遇，这个过程貌似是一场喜剧，却也道出了中国男人面临的焦虑：没有了靠谱的家庭，就靠征服更多的女人来证明自己；没有了钟爱的事业，就靠赚更多的钱去证明自己，其实到最后，还是迷失了自己。

当然，女性也有价值认可的需要。但与男性不同的是，女性的价值需要重点不是在职业上，而是在生活中。

之前有一个关于“为什么中国女人全都急于把自己嫁出去”的讨论，里面说到“待嫁的女孩在想办法把自己嫁出去，不但要嫁得快，而且还要嫁得好”，她们认为，嫁得好才能体现自己的价值，就像多年前那个“ABCD 男女”一样，通常男性是从钱上进行区分，而女性就是以外貌条件作为标准。所以，对于什么是嫁得好，很多女孩的内心的想法就是“我要是一个有魅力的女人，我就能找到有钱的男人”，而“如果我嫁了一个

D 男，那就说明我是一个没有价值、没有魅力的女人”。

这些想法最后都会转换成压力，而这种压力不仅在婚前会引发恋人间的矛盾，引发自己的焦躁，在婚后也会继续引发更多的矛盾。

3. 关系恶化

接着上面那个案例继续讲关系的问题。

夫妻继续沟通，妻子一听丈夫语气不太好，她用自己的经验判断，觉得肯定是丈夫在公司里受气了。她认为丈夫可能产生了关系方面的焦虑，于是马上又开始问东问西，想帮他疏散压力。

可丈夫身体已经非常疲惫了，加上他觉得自己也没有得到妻子的肯定，实在没劲儿回答妻子的一个个问题，所以越来越心烦。

最后，妻子越关心，丈夫越烦，因为驴唇对不上马嘴，于是夫妻就开始吵架了。

这里我提到的妻子担心丈夫的“关系”处理不好，就是我们常说的人际关系。

每个人都是社会性动物，作为一个独立的个体，我们每个人都有自己的交际圈，当你发现自己的各种局限在人群中暴露时，比如说自卑心理，比如语言能力、沟通能力、协调能力等，你就会受到很大的困扰。一旦你在团体中得不到自我认同，就会产生压力，造成紧张，甚至形成恶性循环。

“前几天，我陪朋友参加一个画展的开幕式。一位画家朝我们走过来，我朋友跟他认识，他和我朋友聊起了名家的画作。他们对绘画都有很深的造诣，而我并不是很了解绘画，所以完全被晾在一边，什么都听不懂，也插不上嘴，我也不好意思走开，只能站在旁边傻笑。”这是我的咨询客户晴晴的感慨。

我们当中大部分人都曾有过和晴晴类似的经历，有些人可能转眼就会忘记，事后想来，还会拿这件事当一个笑料；但有些人可能就会陷入深深的自卑中。就像晴晴一样，她会从中得出一个结论：自己没文化，不好学，没能力，自己很笨。

为什么晴晴会有这种想法，为什么一件别人觉得很简单走掉了就可以解决的事情，却会让她产生焦虑？

精神分析师吉拉尔·马克龙曾对此专门做过分析，他认为：人际交往焦虑是导致人的自我理想状态和真实状态偏离的主要原因。“每当我们和别人打交道的时候，有人际交往焦虑的人就会出现身体不适的征兆，比如呼吸急促、脸红、话音发抖、手心出汗、说话磕巴等情况。他们会为此感到羞愧，因为这些特征的出现出卖了他们。”

他们可能本来就不善于参与这种他们不擅长的谈话，再加上有思想包袱，他们就更加不知所措了。“我真没用”“我得要说点什么”“我真是太笨了”“他们会嘲笑我的”……“每当事后只有他一个人的时候，他们就会被后悔包裹，他们会不断地评判自己。”吉拉尔·马克说。

这个怪圈的形成是因为他们对自己太苛求。从心理学原生家庭的影响角度看，这一切都和童年经历分不开：比如他们总是被父母或者老师要求必须考第一，又或者他们的父母总是在不停地贬低否定他们。

在我们的生活中，每个人都会有心理压力，尤其是现代社会，工作、房子、婚姻、感情等问题，让我们的心理压力越来越大。但对于心理压力，我们不但要学会了解它，也要学会调整它。只有当我们能清晰地看清压力，并且懂得如何把它转化成积极的帮助我们提升的动力时，压力才会消失。当然，这需要你有合理的、积极的想法，并具备一定的分析问题、解决问题的能力。

别着急，事情还没那么糟！

关于前面丈夫和妻子因为晚归吵架这一场景，你可能会说，是的，这样类似的情况我也遇到过很多次，我只是在关心他，没想到最后我们反而吵了一架。

在沟通时，让这种关心变成抱怨的原因就是你们双方的解读出现了偏差，最后导致没有起到关心的作用，更没有把这种关心转换为爱情的动力。

那么，该如何达到这种转化，而在转化过程中，男女又有什么不同呢？这就是我要谈的第二个问题：压力与动力该如何转化。

压力与动力之间的转化，主要在于一方能否恰当地满足对方的期望值。但是在亲密关系中，男女双方的期望值是不同的。所以接下来，我们就来详细讨论一下。

给他时间和空间，包容他

男人最在意的是自己的价值是否被肯定。比如在刚才的例子中，这位丈夫面对的最大问题是：工作压力过大导致的身体焦虑，他有点扛不住了，所以，他想通过辞职的方式，重新得到“价值肯定”。

生活中，当一个男人认为自己的价值没有得到充分的肯定时，他就很容易走进“洞穴人”的状态。所谓的“洞穴人”，是指他整个人躲在某个角落，不愿意与人沟通，想要自己待着。当然，这种待着不见得就是坐在那里发呆，可能是自己一个人在阳台默默抽烟，可能是拿着手机在不停地刷新，也有可能是坐在沙发上打游戏。

当然，我不是说所有打游戏的男人都是因为有压力，都在思考未来的人生，他可能就是喜欢这种生活。这一点，你自己要做区分。

当男人进入“洞穴状态”时，他最需要的是时间和空间上的不受打扰，这个时候你要是走过去和他说话或者试图想把他从“洞穴”里抓出来，得到的结果就是他越躲越远。对于“洞穴”男们，一旦他想清楚如何解决目前的问题，自然就会脱离这种状态，重见天日了。

所以，如果你的丈夫、男友出现了冷漠、疏忽、没反应、心不在焉等类似“洞穴人”的状态，请记得给他时间和空间，以及足够的包容和支持。而当他愿意与你交流想法的时候，请记住一定要耐心倾听，不要上来就抱怨。关于倾听的部分，后面的课程会告诉你怎么做。

让她明白自己“被爱着”

女人最在乎的是关系的稳定。之前的例子中，女人希望通过关心帮助丈夫解决问题，增加和丈夫的关系上的连接，让双方都能感觉到被爱。

男人最初的冷淡回应，女人可以忍，但是，一直的冷淡，女人就会觉得我是不是在你心里没有一点地位，你是不是不爱我了。当这种“不被爱”的感觉出现的时候，女人就会不停地倾诉，她们希望通过说的方式来得到丈夫的回应，以此向自己证明“我老公其实很爱我”。如果这个要求没被满足，那她们就会抓狂。

所以，如果你发现自己的妻子开始喋喋不休，抓住同一个问题不停地说来说去，作为她的爱人，你需要有足够的耐心去倾听，并且在语言或身体上让她感觉到被爱。

再次回到上面的场景，丈夫回到家，最大的期望是什么呢？由于加班到凌晨，身体已经相当疲惫了，这时候，丈夫出现的是身体上的焦虑，最需要的是充足的休息。妻子如果能够说：“怎么这么晚才回来啊？累不累，我能为你做点什么？”这就基本能满足丈夫的期望了。

不过，丈夫面对“怎么这么晚才回来”这句话，也没有做出正确的解释。如果你是这个丈夫，你会怎么做呢？你只需要反过去确认一下就可以了，你可以说“最近加班多，真的太累啦。我没事的，休息一下就好”，或者你不想说那么多字，那就简单说“公司事儿太多了”，或者可以说“今天太累了，我明天跟你说好吧”。总之，对于妻子所提的问题，你至少要从字面上给出一句回应，这样，之后的谈话肯定就会缓和多了。

男女释放压力，方法有不同

当你知道压力的来源并清楚该如何转换时，就可以避免很多家庭矛盾了。当然，除了这两点，你还需要了解一个重要的问题：男女在释放压力方面到底有哪些不同之处？

加拿大卡尔加里大学研究人员认为，女性可能比男性更需要朋友，因为社交孤立会给女性带来更多压力。

这一结论是建立在小鼠实验之上的。实验中的小鼠从出生起便与同性伙伴一起生活，后来研究人员让小鼠两两共处或者独处 16—18 小时，监测小鼠大脑中负责压力激素释放的脑细胞。结果发现，独处的雌性小鼠释放的压力激素明显较多，而雄性小鼠在独处时则没有这种反应。

如果我们将这个实验引申到人类世界中，你就会明白，相对于男性而言，跟人沟通、聊天、八卦对女性的重要性了。说到这里，你有没有想到前面的那句话，“从出生那天起，女人一直在克服孤独感，男人一直在战胜失败感”，现在你是不是对孤独这个词的理解更深了。

这个实验也说明了释放压力的方法也是男女有别。接下来，我会告诉你，男女有别具体表现在哪里。

我们知道，男人处理压力会先从价值肯定入手。男人需要时间和空间，重新定位自己在关系中的角色和作用，才能找出合适的价值所在。

男人在找的过程中，倾向于通过擅长的运动或者游戏得到好成绩，再或者是亲近人的肯定（孩子、妻子或父母）快速获得价值肯定。另外，男人习惯依靠自己的力量解决问题，他们并不期待其他人给太多建议和帮助，身边的人只需要最后为他点赞就行了。

而女人呢，她们处理压力习惯从关系稳定入手。女人需要不断地倾诉，在丈夫或亲人的高品质倾听中寻找自身的价值肯定。女人除了愿意听好听的话，也会倾向于与丈夫有更多的肢体接触，例如拥抱、亲吻等，让身心都保持着联系。

女人一旦反复确认了“老公是爱我的”或者“大家是爱我的”，她就会觉得自己处于安全与被爱状态；在反复唠叨的过程中，她就找到了解决的办法，压力就解除了，也不需要其他人给太多意见了。

现在来总结一下这部分的内容。

1. 压力有三大重要来源：身体、价值、关系；

2. 压力与动力之间的转化，男人需要价值肯定，女人需要关系稳定；

3. 男女压力释放最大的不同，男人反复确认自己有价值，女人反复确认自己被爱。

实战练习

为一件你感到有压力的事件做侧写

到这里，这一课的内容你已经学完了，我也为你准备了相应的课后练习，我希望以下三个练习，能够帮助你自己和另一半好好地疏解自己的压力。

列出一个近期你感受到有压力的事件。

1 通过你已经学习的内容，来分析一下压力的来源，它来自身体，价值，还是关系？

2 评估一下你对这件事的期望值，你是否有能力或方法满足自己的期望？

3 如果暂时没有能力与方法满足你的期望，尝试列举能够达到这个能力的行动计划。

你的压力

1.压力来源

2.期望值

3.行动计划

第12课

从没停止过爱你，但有许多次我想离开你

不知道你听没听过这样一句话，“在这个世界上，即使是最幸福的婚姻，一生中也会有 200 次离婚的念头和 50 次想要掐死对方的心”。我相信第一次听到这句话时，你会说：这句话说得太对了，我真的是这种感觉。当然，你肯定也曾在吵架时和另一半说过“分手吧”“离婚吧”之类的话。不过在我看来，说这些话的人，肯定都是女性。因为对男性来讲，每当吵架的时候，他们心里都在暗自祈祷，希望眼前这个女人马上消失，希望“马上能换一个温柔的女人”在自己眼前。

“吵架时，男人想出轨，女人想离婚”，这句话是对男女吵架时各自头脑中想法的经典总结，也反映出发生矛盾和冲突时，男女处理的方式有所不同。

可是，没有一个人喜欢吵架，也没有人结婚后想以离婚收场。所以矛盾会出现，问题也需要想办法解决。我们还是利用上一课讲过的那个例子，分析男女发生矛盾时处理冲突的方式。

我再简单描述一下这个例子：

丈夫加班到凌晨才回家，已经精疲力竭，一句话也不想说，甚至有种辞职的冲动。妻子开门看到丈夫就问："老公，怎么这么晚才回来啊？"

就是这句话引发出夫妻之间的矛盾冲突。

有很多人告诉我，"有冲突解决不了时，我就不说话，避免发生大的矛盾，不说话过几天不就好了嘛"，但心理学实证研究发现，造成现代夫妻离婚的首要因素就是"长期习惯性地避免冲突"。所以说，逃避永远是暂时性地躲避问题，冷战也不能解决任何问题，我们真正需要的是处理冲突的能力与方法。

下面，我们就一起来探讨一下，当男女发生矛盾和冲突时，怎样才能又快又好地解决。

处理冲突，五种形态有对错

处理冲突有五种形态，分别是：指控型，讨好型，僵化、冻结型，滑稽型，真诚型。

1. 指控型

处理冲突的第一种形态，叫作指控型。

这种人相信先下手为强，用攻击别人来保护自己。指控者的姿势是这样的：左手叉腰，右脚伸出来。然后，伸出右手，指向对方，而且用很凶狠、恶毒的眼神看着对方。

指控型的人常说的话是：“都是你的问题！”“是你把我的生活搞得一团糟！”“你是一切矛盾的根源！”

许多人感觉自己受到伤害的时候，就容易用指控别人的方式来保护自己。因为人都不愿意承认问题在自己身上，不会觉得之所以自己生活得“不幸”都是因为自己，所以他们要把所有“罪责”归结在对方身上。但同样没有一个人愿意接受别人的指责，也不愿意“担责任”，所以在这种情况下，爱人之间极容易发生争论、争吵或其他形式的对抗。冲突双方在冲突中都在寻找自我利益而不考虑对他人的影响，也不考虑如何让他们彼此能双赢，而是为了争自己赢而不顾冲突带来的后果。

2. 讨好型

处理冲突的第二种形态，叫作讨好型。

这种人用讨好别人的方式来保护自己。讨好型的姿势是这样的：左膝跪下来，右手伸上去。最好是右手高高伸上去，然后头低下来，再向上看。

碰到冲突的时候，不分青红皂白，马上认错：“对不起！对不起！都是我的错。”特别是很多男生，觉得这样说完可以马上解决问题，甚至避免冲突发生，当然，说这句话时他们是违心的，而且这样做了以后，他们内心还会产生积怨，而积怨长久堆积，最后总是要反弹的。

有很多女孩找我咨询的时候说：“他一直脾气好好的，每次吵架都是他道歉，他哄我，为什么这次他突然就翻脸不认人，说分手就分手呢？”

还有一些做妻子的也很不明白，为什么之前基本上不跟她发生冲突的丈夫会在这次她提出离婚后，立马答应，并且要坚决执行呢。

所以，讨好型的人，为了合作，为了得到别人的认可，为了避免矛盾，不惜牺牲个人需要和目标，他们极力讨好他人是因为害怕破坏关系或者造成不和谐，但最终当他们忍受不了时，就会决绝地说走就走。

3. 僵化、冻结型

处理冲突的第三种形态，叫作僵化、冻结型。

这种人有一种常见的生活形态：工作狂。他们有一个特定的姿势：身体笔直、立正。不但立正，还把头向上看。这个姿势就好像在说：我不想跟任何人有任何交流。

遇到问题时，他们会特别理智冷静地分析，比如当你在痛哭时，他会面无表情地跟你说“哭，解决不了任何问题”；当你需要关心和呵护时，他会告诉你“拥抱解决不了任何问题”；当你需要他夸奖时，他会冷静地告诉你“人需要自立，别人的表扬根本不能让你自立”。

我曾经有一个咨询客户，她特别希望妈妈能表扬自己一次，她说她30年来从来没有得到过妈妈的夸奖——虽然她靠自己的努力得到了来之不易的一切。当她把希望得到表扬这个要求对妈妈说出来时，妈妈冷冰冰地对她说：“难道我表扬你，你就真的了不起了吗？人需要有自知之明。”她说当天，她是哭着离开家的，而就算这样，妈妈也没有一句温暖的挽留。

僵化、冻结型的人就像特别冰冷的机器，他们压抑自己的感觉，把所有的精力都投注到工作或其他事情上，通过这样的方式逃避感受，保护自己不受伤。让他们回避问题的原因常常是分歧太大，难以解决，或者是解决分歧可能会破坏关系，产生更严重的问题。

4. 滑稽型

处理冲突的第四种形态，叫作滑稽型。

这种人碰到正式的问题时，马上会开一个玩笑，或者做一个鬼脸，他们会避重就轻，不谈正式的问题，很懂得闪避。他们时常表现出一种看起来歪歪斜斜、虽然扭曲但仍然站立的姿态，习惯性地两膝相对，两只胳膊和手掌都向上伸出，必须不停移动来维持平衡。

比如你和他说“我觉得你不关心我”，他会马上谄媚地笑着说“你想吃什么，我带你去啊”；你和他说“我最近压力很大”，他会立刻抱着你说“宝贝，那我们出去玩吧”。看起来他是在帮你疏导压力，但其实你根本感受不到他的关心，这也就是为什么你常常想说这样一句话：他不能走进我的内心。

所以滑稽型的人永远抓不着重点，他们习惯于插嘴和干扰。他们内心焦虑、哀伤，精神状态混乱，没有归属感，当然，这样的他们也不会被人关照，还常被人误解。社会也给滑稽型的人贴上自主和快乐的标签，人们常常对他们的出现充满欢喜，因为他们总是可以打破各种尴尬的氛围。但对他们而言，该解决的问题依旧没有解决，也没有人能够了解他们。

5. 真诚型

根据我的经验，我发现，当人们不太注意自己内心的感觉时，就会不自觉地用以上这些沟通方式相处。即使有些人察觉到自己有这种情形时，他们也不愿改变自己的旧习。但是，你不能否认和逃避的事实是，这些沟通姿态的产生都源于双方内心感觉到自己不被喜欢、不被需要、被拒绝。

这四种沟通方式并不能从根本上解决冲突，只是暂时缓和了冲突，却为未来更大的冲突埋下了隐患。当然，我们也不能苛求冲突一发生，双方就进入一个很理智的状态来处理，情绪总是需要一定时间和渠道来释放的，关键是当情绪平复之后，能够冷静下来运用下面的方法，就是处理冲突的第五种形态，真诚型。

真诚型的人有成熟健康的人格，他们知道自己是谁，需要什么，也了解伴侣，知道对方需要什么。他们懂得彼此疼惜，同时也会想办法带来双赢，就是“我做自己，也允许你做自己；我了解自己的需要，也能够帮助你满足你的需要”。

当你所想的、所感受到的就是自己所表达的、所做的事情时，你就可以对当下的情境作出负责且真实的选择。这种状态代表你没有用旧的方式来被动回应现状，也并非回避或漠视自己的感受，它能让你内心的感受和能量自然地向外流动，不会被扭曲与掩饰。

三步，真诚地解决冲突

现在，我们已经知道真诚型是处理冲突最好的方式，那么，具体应该如何来做呢？这就需要你跟着我完成以下三步！

1. 觉察表明立场

男女都需要表达自己想要什么样的结果。当一方想要别人关注时，不要表现得像个小孩子，通过发脾气或搞点什么动静来引起对方的注意，你可以直接说：“我觉得你冷落了我。”

2. 探索深层需求

了解在这些表面的立场下必须被满足的深层需求。双方耐心地彼此倾听，轮流扮演记者的角色。倾听者用自己的话复述倾诉者的语意，直到倾诉者觉得被了解，就可交换倾诉者与倾听者的角色。

3. 合力寻求双赢

由谈判桌对立的双方，并肩坐到桌子的同一边，把两人的深层需求在桌上放成一堆，合力寻求双赢的解决办法。

现在请你想一想，在平时的生活中，你是习惯用哪种冲突处理方式处理情感矛盾？不管之前你是用的哪一种，我都希望你能够转换到第五

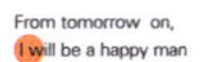

种冲突处理方式，就是“真诚型”，因为只有这样，才能真正让矛盾得以解决。

“梯形思考”的男人，和“扇形思考”的女人

还有一个问题需要注意，那就是男女双方因为思维方式的不同，处理矛盾的方法也有所不同。

对男人而言，他们是“梯形思考”，更倾向于“有用”。他们的特点是：遇到问题时，他们只会想遇到的这个问题，不会联想到其他的事，就只是专心地想办法去解决这个问题。所以，男人比较关注宏观的方面，他们的思考往往缺乏一定的圆融和变通。遇到冲突的时候，他们更倾向于先自己思考，再来谈论问题。

男性的思考时间平均需要 20 分钟，所以我常常跟女性说，跟男朋友吵架，你简单地讲完今天要讨论什么问题后，给他 20 分钟去思考，等他思考出一定的条框后，你们再讨论才有效果。否则，你从初一说到十五，他的思维也还是停留在初一。

而女人呢，她们是“扇形思考”，更在意“被爱”。她们的特点是：遇到问题时，她们不会只想遇到的这个问题，而是会通过这个问题联想到许多别的问题。所以，遇到一个问题就相当于遇到很多问题，然后就不知道应该怎么办了。

遇到冲突的时候，女人更倾向于先表达。她们会喋喋不休地表达自己

的想法、感受，然后一件事情一件事情地举例说明，最后情绪也没有宣泄完，问题也没有解决。

所以，如果你是男性，你听到女朋友开始抱怨的时候，就给她 10 分钟让她说，等她说够了，情绪宣泄了（当然，这 10 分钟她需要你耐心地安抚），你再冷静地告诉她“亲爱的，我们一起来讨论出解决方案吧”，这样你们的问题才能解决，而不是被负面情绪左右了。

这种男女不同的思考模式，也与他们大脑的不同是相关的。就像我们说男人是视觉型，但男人这个视觉是管状视觉，他们看一样东西必须直直地看过去。比如你和男友走在马路上，你会看到，他看路过的美女是直勾勾地看过去，于是这种时候男人很容易被女友发现，然后被大骂一顿，说他“好色”。

可女人难道就不“好色”吗？女人当然也“好色”，但女生和男友走在马路上，她看帅哥却不会被男友发现。这是因为女人大脑是网状思维，她们的视觉是扇状的，所以女生跟男友走在马路上，她一眼就能从前方那一堆男性中找到她觉得帅气的那个，根本不需要盯着一个人看。

说到这里，我真的觉得男人们很惨，跟女友出去逛街，只是看了一个美女就被训得“体无完肤”，而更惨的是，他的女朋友自己已经看了很多帅哥，还来训他不许看美女。

这种“扇形”思维方式在女人处理冲突的时候表现得更为明显，因为她们经常会把冲突当作检验“被爱”的工具，还会叠加进很多过去的问题，希望证明“爱”还存在。例如，女人带孩子很辛苦，一直觉得男人总是帮不上忙，自己一个人面对婆媳问题力不从心，男人回到家都没有关心，自己没有得到爱。这时，男人在家做什么，女人都会挑剔，送什么礼物都不能讨她欢心。但是，同样是女人带孩子很辛苦，男人平时没事就送礼物，打电话关心，偶尔一次男人回来晚了，女人是不会抱怨的。

来总结一下这一部分的内容：冲突无法避免，必须面对。你学习了处理冲突的五种形态：指控型，讨好型，僵化，冻结型，滑稽型，第五种也是冲突最好的处理形态就是真诚型，用真诚的方式来面对，创造共赢的局面。

最后，你知道在亲密关系的冲突处理中，男人需要的是“有用”的方案，来找到价值的肯定；女人需要的是“被爱”的检验，来保证关系的稳定。

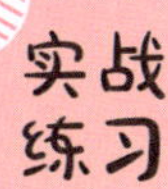

实战练习

办一次“温暖晚宴”，只倾听，不诉说！

好了，本课的内容已经完成，也有课后练习哦。

1 回顾一下过去发生的冲突，你是用哪种形态来处理冲突的？

2 找一个合适的时间，与自己的爱人坐下来，开启一段真诚的对话，表明自己的立场，并深层挖掘自己和爱人的深层需求。

3 本着双方共赢的目标，形成一个家庭行动方案。

这次还有一个额外的作业要布置给已经结婚或正在恋爱的你。如果你单身，还没有谈恋爱，也没有想要交往的对象，那就找一个异性来完成这次的练习。

请邀请他／她出席一次你的“温暖晚宴”，你可以选择一个你喜欢或者他／她喜欢的地方，这里一定不要太吵闹，最好是那种有情调、安静一些的餐馆或咖啡馆。

然后，这一顿晚宴除了吃东西以外，你需要耐心地听他／她讲话，不管他／她讲什么，你都要耐心地听，认真地听。今晚话题的主角只有他／她一个人，如果你有话想说，也只能围绕他／她的话题内容来进行。

记住哦，你不能大谈特谈你自己，不能把主角变成你。

试试吧，也许这顿饭对你来讲很难熬，但这是确保你对异性更好了解的训练方法。

第 13 课

把生命的
每一次变化
都当作恩赐

“人为什么要结婚？”这个问题，我问过无数人，他们有人说是因为孤独寂寞，需要有人陪伴；有人说因为需要生儿育女，延续后代；有人说因为到了该结婚的年龄；有人说因为相爱；也有人说因为父母在催促……

当我又问：“你觉得你的婚姻幸福吗？”很多人都面露尴尬，憨憨地笑一笑，回答“很幸福”的人少之又少。

关于幸福的话题，我之前已经讲过，如果你印象不深了，可以回到第五课和第六课重新学习，如果你是跳着读书的，我建议你先看完第五课和第六课再来学习这一课的内容。

爱情都去哪儿了?

我有一位咨询客户叫小玫，在谈到她的前一段婚姻时她说："当听到他有外遇时，我不仅不难过，反而觉得是一种解脱。"她说，这段十年的婚姻生活根本就不是她想要的，虽然家里不缺钱，但她总觉得生活里少了什么。当我问到她理想的婚姻状态是什么样时，她说："我也不清楚，我觉得只要两个人都愿意踏踏实实地生活，恩恩爱爱的就好了！"

回想她的婚姻生活，小玫说结婚初期丈夫也会送她礼物，给她惊喜，两个人偶尔也会出去看看电影，但不到半年，他们的生活就只剩争吵和抱怨了。小玫希望丈夫偶尔能帮忙做些家务，他说这些事情都应该女人做；丈夫希望小玫给他一些自由的空间，能让他和朋友们尽情地喝酒畅聊，小玫说那些都是酒肉朋友，不交也罢；小玫希望丈夫在情人节还能继续送她鲜花礼物，丈夫说都老夫老妻了还搞什么浪漫……

小玫说，每次她和丈夫想好好谈谈该怎么办时，他总是一脸厌恶地说："我没缺你吃，没缺你穿，你还有什么不满意的？"结婚前他说"我会爱你一辈子"，结婚后他再也没有说过一句"我爱你"。小玫想不明白人为什么要结婚，为什么婚后的生活会和婚前有那么大的差别。

每一对结婚的新人在婚礼上都会承诺：“我爱你，无论生老病死，永远不离不弃。”我们不是为了对方一句“我爱你”而结婚的，也不是说完这一句“我爱你”就能得到幸福婚姻。我们结婚，是因为我们想和这个人生活在一起，想和爱人一直相伴到老，创造、享受甜蜜的幸福生活。

现代人的婚姻不再只是为了衣食住行而相互妥协，他们更希望两人婚后还能继续保持恋爱的甜蜜，不想婚后的世界只有锅碗瓢盆柴米油盐，只有睡眼蒙眬的邋遢的枕边人。

所以，这一课，我会从婚姻的角度来和你谈谈关于如何经营爱情。

如果你单身，或许你会说，我现在最需要的是脱单，婚姻的话题离我太远了。但你不要忘了，总有一天你会进入婚姻，提前做一些了解不仅有助于你的恋爱，还能让你更加清楚如何选对人，谈好恋爱。

如果你离异，或许你会说，我已经不相信婚姻和爱情了，我也不会再结婚了，可静心下来想想，你读这本书的目的是什么？不就是希望自己能得到幸福吗？在你内心深处不是也渴望有一份幸福的爱得长久的婚姻吗？

如果你还有更多的借口要和我说，那别怪我强硬地说出下面这句话：封闭自己的人、不能开放自己的人，是绝对不会获得幸福的。毕竟，开放，是一种态度，是一种能力。只有开放，你才能得到真正的成长。

你肯定很纳闷，为什么我现在这么强势，总在强迫你接受一些东西。因为如果我不强硬，我就会听到无数的借口，看到你不断地退缩，甚至看到你回到过去的轨迹上毫无变化。

选择读这本书，是因为你要让自己更幸福，如果我只是随便写写不用心，这是我的不负责任；但如果你只是随便看看不用心练习，这就是你的不负责任。我们的生活不就应该自己为自己负责任吗！

好，回到这节课的内容上，在学习之前，我想问问你是否认同这一句话：人都会变！

你肯定会说，是的，人就是会变。就像我们经常听到很多人说，自己离婚或者分手的原因就是“他变了”一样。

人总是认为对方不应该变，现在、未来都应该和以前一样，但事实是每个人都会变。特别是在一天天的生活中，随着年龄越来越大，随着身边的人事变迁，一个人的喜好、想法、需要都会有变化，只是多少不同而已。如果我们不能接受并跟上对方改变的步伐，那这样的婚姻（爱情），对双方来讲都需要很大的忍耐力（当然，这种忍耐力现在的人们基本没有了，而且我也不推崇这种忍耐，明明可以幸福起来为什么要忍受痛苦呢）和包容力，当然，或许还需要妥协力。

当你接受人是会变的这个事实后，我们就需要清楚地知道，在人结婚以后有没有变化的时间规律。根据自己这十几年来的咨询经验，我把婚后最容易导致感情破裂乃至离婚的时刻定义为“变的时刻”。当你了解清楚如何度过这些“变的时刻”时，自然也就能够经营好你的婚姻，也就能得到你想要的幸福了。

在婚后，有三个“变的时刻”：❶单身变二人世界；❷二人变多人世界；❸多人变回二人世界。

当你经历这三个“变的时刻”，却发现双方的状态没有发生变化时，你们就容易发生危机，导致争吵和离婚。接下来，我会分别讲下这三个时刻，并分析你应该怎么办。

变的时刻一：单身变二人世界

想要顺利度过这个时刻，就需要这对来自不同家庭、不同地域的新婚夫妻学会共同生活、思考和解决问题。

我的一对咨询客户，力文和晓岚就是这样一对来自不同地域的男女。

两人因为工作认识，在经过短暂的接触后他们决定闪婚。力文身边所有的朋友都被他这一举动惊呆了，在朋友眼中，力文是一个性格内向保守、做事稳重、不善言辞的北方男人，30 出头的他穿衣打扮像 40 多岁的中年人，而且他还是个大宅男，除了工作之外没有什么兴趣爱好，也不善于交际应酬。

晓岚和力文正相反，她性格开朗，大大咧咧，说起话来叽叽喳喳手舞足蹈，平时也喜欢交际应酬，在朋友眼中晓岚应该会喜欢那种有情趣、幽默风趣的男人。他们的朋友怎么也想不明白，这两个人怎么会凑到一起，力文的朋友更是在私底下偷偷打赌看他俩这段婚姻能坚持多久。

果然，新婚第二天，力文和晓岚就因为洗澡的问题吵得不可开交。来自北方缺水城市的力文，即使夏天也不会天天洗澡，而且他洗澡的习惯是将身上打湿后马上关上淋浴头，然后从头到脚抹上沐浴露，简单搓洗后再快速冲净，整个洗澡时间前后不到 5 分钟，并且用水量极少。

晓岚从小生活在南方潮湿多水的城市，即便是冬天也每天洗澡，而且每次洗澡她都会把水开到最大，等水慢慢打湿全身，再慢慢搓洗头发，擦洗身体，即便泡泡已经冲得很干净了，她依然会站在淋浴头下享受水流过全身的感觉。每次洗澡，晓岚甚至会花上25分钟。

力文第一次听到浴室里哗啦啦流水的声音时心里“就像猫抓一样”，他说：“我当时也没多想，就去敲浴室的门，让晓岚把水关上再打沐浴露。”

“您根本想不到我当时感觉有多烦躁，”晓岚特别不爽地说，“我正在舒舒服服享受洗澡的过程，他倒好，一个劲儿地在门口敲门，嘴里还不停地说‘你把水关上，你把水关上’。我洗一个澡他敲了五次门。本来洗澡对我来讲是一天当中最享受最放松的时刻，结果却成了噩梦。”

时隔那次争吵很久了，力文依旧怒气冲冲抱怨着：“我觉得洗澡就应该节约用水，结果她洗完澡冲出来就开始跟我吵架，我跟她讲道理，讲北京缺水我们应该节约用水，可她根本不听，完全不可理喻。”

不仅是怎么洗澡，力文和晓岚还会因为吃什么，怎么炒土豆丝，两人盖一床被子还是各盖各的这些大家看起来特别鸡毛蒜皮的问题吵得不可开交。他们各有各的道理，每次吵架都难分胜负。即便在咨询室里，他们依然吵不出结果。而且和他们一样，很多到我咨询室里来的生活在这个阶段的男女都有一句吵架口头禅：我以前就是这样的。

结婚是两个世界的融合

都说男女来自不同的星球，他们说不一样的话，但对我来说，最重要的是他们来自不同的家庭，还可能来自不同城市、不同国家，他们有着各自的家庭、地域文化，有着各自习惯的说话、生活方式，就连最基本的饮食习惯都有可能不同。婚前他们可能为了博取对方好感而伪装起来的缺点和不足，在赤裸相对的婚姻中理所当然地冒了出来。

男人的言语粗俗、邋遢不洁，女人的啰唆唠叨、嘴馋懒惰；婚前单身一人想怎么花钱就怎么花，婚后要还房贷要交家用；到底该买女人的品牌衣服还是男人的新款电子产品；就连房子该买在什么地段，应该怎么装修两人都会争执不断。

所以无论婚前有没有在一起生活过，或者恋爱的时间有多长，在这个时期，两个不同世界的人必须要做的就是合二为一。把家庭利益摆在第一位，双方尽量巩固这段亲密关系，确保自己的所作所为符合彼此对家庭的期望和目标。

新婚夫妻应该从这个时期开始时，设定自己的新家规则，这个规则的设定不应添加父母、朋友的期望和自己的妄想。要把两个独立的个体顺利融合成一个团结快乐、彼此尊重的家庭，过程肯定很艰辛，但这也是婚姻初期的最大考验。

在这个时期，很多新婚夫妻都过着“身在曹营心在汉”的生活，明明已经结婚了，却还在按照自己以前的家庭生活模式相处。

比如挤牙膏，有人喜欢一把捏着挤，有人喜欢从后面慢慢挤，然后因为这种习惯不同，两人就开始互相批评说教希望对方改变。有些人在家从来不自己做饭，以前每天都是老妈给做好了，现在结婚没有老妈做，所以都希望对方变成自己的“老妈”，因为这种需求没有得到满足，就又开始互相攻击。然后因为这一点那一点的他们口中所谓的“小事”，两人吵得不可开交，也分不出胜负，最后，新婚还没过完就直接回到单身状态。

本阶段平衡生活技巧

（1）三思而后行

“武断”是新婚夫妻最常犯的沟通错误之一。他们自以为很了解对方，自以为无论对方说什么想什么他们都很清楚，可事实上，他们还是无法猜中对方的真正心意。所以，请耐心倾听，听懂对方的言下之意，再去主动关心，确认清楚对方想表达的内容，只有真正的关心才能让夫妻感情更上一层楼。

（2）学会表达自己的感受

学会表达自己的感受，才能让对方了解自己的想法。在婚姻生活中有话直说，不拐弯抹角是最好的方法。很多女人希望自己什么都不说丈夫就能了解自己的感受，但其实男人几乎很少能猜透女人在想什么，所以，让丈夫了解自己需求的最好的做法就是明说。不要情绪化表达，边哭边闹边生气地表达自己的不满只会让对方注意到你强烈的情绪而不会关注你说的是什么。

（3）改变常用话语，这两句话绝对不能说

“我对你很失望。”

“我没想到你是这种人。”

本阶段甜蜜小技巧：爱情心愿清单

如果你刚刚进入新婚，这件事你一定要与你的伴侣做到；如果你已经结婚很多年，那就用这个方法增添你们夫妻之间的情趣；如果你还是单身，那就为自己做好了。

找一个时间，和你的伴侣面对面坐好，一人拿一张纸，（最好是一张特别漂亮的卡片或彩纸，当然，如果你手边没有，随便一张纸也可以），分别在纸上写下自己最希望对方为自己做的 10 件事，比如当年我写下了希望我丈夫陪我去后海划船，他写希望我陪他去潭柘寺喝茶。总之，你写下的内容一定要是对方能做到的，别写“给我摘天上的星星”这种话，而且，这些事可以是你希望对方单独为你做的，也可以是你们俩一起做的。写的时候千万不要偷看，也不要询问对方，在写完之前双方都不要说话。

写完后，把你的这张纸给对方，然后你们可以一起讨论。我相信你们在对着纸讨论的时候一定会笑，会很开心。最后，你们需要做一个约定，比如在三个月或者半年内完成纸上的内容，记住，时间规定很重要。

如果你正准备结婚，我给你准备了 18 个婚前必问的问题，供你们彼此增进了解；如果你已经结婚，看看这些问题有哪些你还没有问过，你们夫妻俩可以试着深入地聊聊。

婚前必问的18个问题

1.我们要不要孩子？如果要，主要由谁带？

2.我们的消费观及储蓄观是怎么样的？会不会发生冲突？

3.我们有没有详尽地交换过双方的疾病史，包括精神上的？

4.我们父母的态度有没有达到我们的预期？他们会不会给我们足够的祝福？如果父母的态度没有达到预期，我们如何面对？

5.我们有没有自然、坦诚地说出自己的性需求、性的偏好及恐惧？

6.我们的房间怎么装修？如果两人想要的风格不统一怎么办？

7.面对矛盾，我们能耐心倾听对方诉说，并公平对待对方的想法和抱怨吗？

8.孩子将来的教育模式，我们的期待是什么？

9.我们喜欢并尊重对方的朋友吗？如果不喜欢怎么办？

10.我的家族最让你心烦并且不能接受的事情是什么？

11.我们永远不会因为婚姻放弃的东西是什么？

12.如果我们中的一人需要离开现在的生活所在地到外地工作，另一人能接受或者能陪着一起去吗？

13.婚后我们跟父母一起住还是单独住？

14.结婚后谁做饭，家务怎么安排？

15.春节去谁家过？

16.父母可以有我们家的钥匙吗？

17.跟对方父母发生矛盾、口角，如何化解？

18.我们是不是能充满信心地面对任何挑战，使婚姻一直往前走？

变的时刻二：二人变多人世界

顺利或者磕磕绊绊通过第一关的夫妻，在经过一番切磋比试后，终于找到了适合两人的相处模式和方法。

无论彼此差异有多大，最终他们通过接受包容差异的方式找到了让两个世界合二为一的方法。然而，当他们认为甜蜜幸福的婚姻生活已经来临时，让人意想不到的“第三者”就开始偷偷入侵了，它就是家庭中即将到来的新生命，也是你们爱情的结晶。

当罗丹和王成还沉浸在新婚的愉悦时，宝宝的到来让他俩更加喜悦。两边的父母得知这一消息，也是兴奋不已。

怀孕初期，王成的妈妈就从老家带了很多东西来他们小家，说一定要“让孕妇吃得有营养，这样才能生个大胖小子”。可王成妈妈一来，这个家就失去了罗丹想要的幸福。

王成很孝顺，从小到大都是妈妈的“乖宝宝”，家里大小事情都是妈妈做主，王成的爸爸在家都是做甩手掌柜。到了这里，王成妈妈保持自己在家做主人的风格，沙发应该怎么摆，柜子里东西应该怎么放，孕妇看电视、上网不能超过多久，什么东西可以吃什么不能吃，小到买鸡蛋应该买什么牌子的，大到家里应不应该添置什么东西，王成妈妈都要一手安排。罗丹也温和地给王成提过几次，希望婆婆不要太插手他们的生活，但每次王成都以“她还不是为你好”搪塞过去。

让罗丹更不愉快的是，自从婆婆来了后，王成在家更是什么都不管了，每天回家只知道上网、玩游戏，或者是忙着在微信上和朋友互动。而且，自从罗丹怀孕，王成晚归的次数越来越多，每次罗丹问他，他就说“有了孩子压力多大啊，要忙着赚奶粉钱”之类的话。每次坐在婆婆布置的客厅里，看着喝得醉醺醺的王成回来，耳旁想起王成说的“以后妈妈肯定会和我们一起生活”，罗丹就觉得应该结束这段婚姻。

生活中有很多像王成和罗丹这样的夫妻，他们认为结婚就是两个人的事，婚后就应该只有他们两个人，他们没有做好当父母的准备，没有做好和对方父母一起生活的准备，没有做好婚后尊重对方独立空间的准备，没有做好接受对方朋友的准备。

很多年轻的小夫妻，婚后还是延续着自己以前的生活，玩网游、逛夜店、周末自己玩徒步、和朋友喝酒聚会、整天手机不离手。我有一个年轻的咨询客户说:“现在婚姻的第三者已经不再是人了，手机、电脑、朋友、爱好，统统都是阻碍我们幸福的绊脚石。”她说的这句话不无道理。

从二人世界进入多人世界，家庭生活矛盾的来源就不仅是夫妻双方，也源于外界的各种人和事，或者说，因为原本各自的生活、工作就非常忙碌，再加上这些额外的照顾工作，照顾家人的需要、朋友的需要、工作伙伴的需要、自己对生活要求的需要等，难免就会身心俱疲，产生矛盾和冲突。

生活压力越大，就越需要夫妻之间懂得安排个人休息时间和夫妻独处时光。夫妻在这个阶段要学会一方面确保自己能善尽本分；另一方面需要督促自我有所成长，让自己成为有趣的人。只有这样，才能为婚姻生活添加更多乐趣，让夫妻从众多责任中获得成长的动力，齐心协力克服困难。

本阶段平衡生活技巧

（1）越多人在，越要独处

作为婚姻家庭咨询师，我发现关系出问题的夫妻，在婚后都不重视约会。他们总是说“都老夫老妻的了，还约什么会”。但我们一定不能忽略约会的重要性，无论有没有孩子，夫妻之间都应该定时约会。不同于在家里，换了环境和气氛，夫妻双方会感到放松，在这种环境中聊聊彼此的愿望、计划、工作和压力，更能促进两人之间的感情。

当然，如果不能经常外出，在家里沙发上享受属于二人的独处时光也是不错的选择。夫妻需要在没有孩子、工作、手机、网络、电视和其他事情打扰的环境中，静心下来陪伴彼此，问问对方，说说自己，或者就单纯地陪伴彼此。不管你信不信，就这么简单的方法，一定能增进夫妻情感，因为这等于培养夫妻之间的一个习惯——每天都花一点心思在对方身上。

（2）支持彼此的个人发展

夫妻应该支持彼此的个人发展和工作，都忙于家务其实并不会让夫妻之间产生新的火花。如果另一半想发展新的兴趣爱好、活动、朋友圈，我们应该予以鼓励。懂得相互配合的夫妻，懂得支持对方个人追求的夫妻，不仅感情会更幸福美满，也能让彼此获得新的动力。

夫妻俩都能在事业上有所成就，无疑是我们所期望的，然而在实践中这往往难以实现，所以，这就需要我们突出一点，牺牲一点，即夫妻间不是按性别而是按才智来确定谁当事业的攻关手，谁当助手。当助手的一方当然要做出一点牺牲，然而这点牺牲却能换得另一方事业上的成功。比如鲁迅在经济拮据时，夫人许广平曾想外出工作，但她和鲁迅商量后觉得这样做会影响鲁迅的写作，得不偿失，便放弃了这个想法，甘做配角。

（3）改变过去的想法，这些绝对不能做

乖宝宝丈夫、隐形人丈夫；

手足无措的妻子、自卑的孩子妈妈。

本阶段甜蜜小技巧：夫妻情话按摩

如果你是这个阶段的夫妻，请找一个孩子已经睡着的晚上，把你的另一半带到客厅或卧室，总之就是家里你觉得舒服的地方就行。小区的花园也是不错的选择。然后，让他坐在椅子上，你站在他身后，给他做一个肩膀按摩，你可以一边给他按摩，一边和他聊聊你们当初谈恋爱那会儿彼此做的糗事，也可以和他聊聊孩子出生时你们的窘相，总之，聊天的话题就是“忆当年”。

有时候我们不得不承认，人总是喜欢回忆以前的事，尤其是之前的英雄事迹，这会让我们感到分外自豪。如果想追求一种“仪式感”，我还建议你们可以跟另一半重游“故地”，一起去当时谈恋爱的地方走一走，感受发生在两人身上的点点滴滴，就算是非常艰辛的经历，现在想来也肯定满是温馨。

当然，还有一些针对有孩子的夫妻的甜美小技巧，如：每天早上一个拥抱、偶尔一个表扬、在对方疲惫时给对方按摩一次、在非节日时间给对方一个惊喜的小礼物。

变的时刻三：多人变回二人世界

这个时期的夫妻已经结婚很多年，以前夫妻双方生活以孩子为中心，或者主要忙于照顾家里的老人，当孩子长大上学或者工作离开家，老人离世，本来热闹的家里就变得冷冷清清了。比如下面我说的这个家庭，就是这样。

儿子考上大学那年，国庆和惠燕特别不适应，以前惠燕每天都会急急忙忙回家给儿子做晚饭，夫妻俩每晚聊天也是围绕儿子的学习、未来应该考哪所大学、什么专业转。

儿子上大学后，刚开始还每天给他们打电话，后来是每周一次，再后来是他们打电话给儿子，可儿子不是忙着学习就是和朋友在一起，打电话说的话也越来越少，基本上就是报个平安。

毕业后，儿子选择出国留学并留在国外工作，国庆和惠燕虽然也去待过一段时间，但毕竟人生地不熟又没有朋友，所以他们还是回来了。

回国不久，国庆退休了，从退休这天起，惠燕和国庆就开始安排退休生活。他们一起到国内外很多城市旅游；平时在家，国庆去老年大学学书法，惠燕则在家上网学做糕点；天气好的时候他们会一起骑车到附近的公园或海边逛逛；他俩也学会了上网，有时惠燕坐在沙发上拿着 iPad 上网、玩游戏，国庆也会坐在一旁看，并不停指点；惠燕还经常把自己新烤好的糕点拍下来放在微信朋友圈里等点赞，儿子视频时常笑着说他们是潮爸潮妈，说他们幸福得把他这个儿子都给忘了。

两个人在一起越来越久，如何保持相爱、尊重并活力不减呢？年轻时可以充满激情自由自在，中年时可能为事业、孩子、老人而投入，等到生命的轮回又只有夫妻二人的时候，就需要夫妻之间懂得互相珍惜和照顾。快乐的夫妻可以不顾彼此身体的衰退和脾气的古怪，依然保持恩爱，并且在倒计时的生命中过得比其他人更加活力充沛、积极乐观。这让我想到一句话："好时光莫虚度，找乐子永不嫌晚。"

本阶段平衡生活技巧

（1）重拾情趣生活

这个阶段的理想伴侣知道只要自己保持年轻的心态，对方也会跟着年轻起来，所以他们会很重视自己的健康和心态，随时保持精神奕奕。而此时的他们如果能有更积极的心态，勇于尝试新事物、新爱好，在生活里来点浪漫之举，就更能让对方感受到生命的活力。两人一起结伴出游，一起锻炼身体，一起改变，一起进行新活动、新冒险，能活出自我的夫妻，更能享受幸福的婚姻生活。

（2）选择性失忆

年龄大了，身体健康状态也会下降，人生到了这个阶段，夫妻之间最珍贵的就是能互相接纳。过去的生活中不可能没有摩擦，即便如此，夫妻之间也能慢慢淡化过去的互相埋怨、责备，忘记过去不开心的日子。

（3）改变生活方式，这种状态绝对不能有

无趣、絮叨、麻木生活。

本阶段甜蜜小技巧：一起畅玩世界

有人说“好出门不如赖在家”，一年中的大部分时间都在旅途中度过，不觉得累吗？但是，对这个阶段的夫妻而言，大半段人生都已经随着忙碌的工作和家庭生活过去了，这时候反而应该改变状态，和伴侣体验不同的生活，欣赏别样的风景，遇见形形色色的人。

有理想就去实现，有愿望就去完成，两人搭伴前行。你们可以去繁花似锦的昆明、风景如画的九寨沟、古朴典雅的凤凰古城、震撼人心的新疆胡杨林、浪漫的越南岘港、迷人的新西兰……现在就是你和伴侣最好的时光，毕竟，孩子已经独立，你们身体健康，略有积蓄，还不趁这大好时光，尽情享受晚年生活？

总结一下这部分的内容：变化不是让我们的婚姻裂变的原因，而是让我们的婚姻变更好的催化剂，如果你能用好这个催化剂，你的婚姻就能经营得幸福甜美。很多人说过，婚姻是场赌博，是用一生做筹码的赌博。我觉得，如果婚姻真的是赌博的话，那最重要的是靠赌技，靠稳定的心态，靠察言观色，也靠懂得取舍。所以了解对手，了解自己，学习掌握好方法很重要。

实战练习

制作你的“爱情心愿单”

这节课的自我提升练习是：你自己选一个甜蜜小技巧跟你的另一半一起完成。如果你单身，也请你为自己完成“爱情心愿清单”。

I Know You

为了让已婚的你们增进对彼此的了解，你们一起来做一做这个背对背问答。

1. 你的爱人是一个什么样的人？（按照你心里的想法排序：最符合、其次、次之、再次之）

A. 有魅力的人　　B. 为人随和，善于合作

C. 为人坚定，不易屈服　　D. 亲切、令人愉快的人

2. 我是一个什么样的人？（按照你心里的想法排序：最符合、其次、次之、再次之）

A. 有魅力的人　　B. 为人随和，善于合作

C. 为人坚定，不易屈服　　D. 亲切、令人愉快的人

3. 在与他人的交往中，我有什么表现？（按照你心里的想法排序：最符合、其次、次之、再次之）

A. 我喜欢与他人相处　　B. 我能容忍他人犯错

C. 我对自己的能力有把握　　D. 我避免正面冲突的场面

I Know You

4. 在于他人的交往中，你的爱人有什么表现？（按照你心里的想法排序：最符合、其次、次之、再次之）

A.他/她喜欢与他人相处　　B.他/她能容忍他人犯错

C.他/她对自己的能力有把握　　D.他/她避免正面冲突的场面

5. 你给爱人买了一件礼物，而他/她并不喜欢，你认为可能的原因是：

A.我没有好好用心去想应该买什么

B.他/她可能当时心情不好

6. 你的爱人给你买了一件礼物，而你并不喜欢，你认为可能的原因是：

A.他/她没有好好用心去想应该买什么

B.我可能当时心情不好

7. 你的爱人最喜欢的食物和饭店叫什么？

______

8. 你的爱人空闲的时候喜欢外出旅游还是宅在家里忙自己的事情，或者是其他？

______

9. 你最喜欢爱人的哪个朋友？

______

10. 爱人最喜欢你的哪个朋友？

______

第14课

全世界，你去倾听谁？

From tomorrow on, I will be a happy man

先讲一个小故事，这是我之前看过的一部电视剧，我截取了其中的一小段，你仔细看看他们之间的对话。接下来的内容中，我会根据这一段对话来聊“听得懂”的话题。

这个故事讲的是一对夫妻，他们已经结婚多年，丈夫在职场打拼，妻子以前是设计师，现在基本全职在家，偶尔会帮朋友做一些设计。这一小段场景讲的是丈夫在公司遇到了很大的择业选择问题，没法选择，他觉得压力很大，不想继续在公司待下去，下班回家后，他在门口纠结了一会儿，然后进入了房间。

“不，那是不行的，不行，弗兰克，时间太短，我完不成……”丈夫一进厨房就看到妻子正背对着自己在打电话。

丈夫这时深吸了一口气，他似乎不想打扰妻子，又对不能和她诉说心事而失望。正在犹豫要不要离开的时候，妻子正好转身看到了进门的他，她一个手拿着菜碗一个手拿着勺子，手机被她用肩膀紧紧地夹在耳边。她看到丈夫后，用眼神示意了他一下，意思是今天的晚餐马上就好了，然后又回转身去继续做菜打电话了。

“好吧，我再打打电话看能做什么。”说完这话，妻子情绪激动地挂了电话，然后匆忙地回头看了一眼丈夫，问他：“你今天过得怎么样？”

丈夫双手放在西裤口袋里，声音低落地说：“我想辞职。”

妻子听到这个消息显得漫不经心，继续一边做着饭菜一边说：“是吗？弗兰克周末要展示一栋新屋，他叫我明天之前帮他搞定，你敢相信吗，明天就要办好，我应该叫他滚蛋。”

妻子摊开双手表示无奈，这时丈夫一脸木讷地慢慢走近妻子，他们互相亲吻了对方，然后各忙各的事情。

晚上，妻子对着丈夫侧身而睡，丈夫说：“我们需要个假期，去海滩走走，远离喧嚣。”说着侧身看着妻子，温柔地亲吻她，妻子却委婉地说：“我很累，亲爱的。”语气中表现出不想进行下去的态度，她说完，丈夫就转身平躺在床上，眼神中略带失望。

下面，我们就根据这个场景来进行分析。

当我向你诉说时，请听到我的失落

请仔细想想，在刚刚的这个情境中，如果你是这位丈夫，你的感受是什么？如果你是这位妻子，又有什么样的感受？

我们来回顾一下他们之间的对话。

丈夫进家门，妻子正在打电话，但是她也愉快地跟丈夫打了招呼，电话结束后，她马上问丈夫“你今天过得怎么样”，这是一句非常棒的关心的话语，对吧？

但紧接着，当丈夫回答“我想辞职”时，妻子的回应是什么，她说“是吗？弗兰克周末要展示一栋新屋，他叫我明天帮他搞定，你敢相信吗，明天就要办好”。

你从这句回应中听到了什么？“是吗”，这两个字，的确是对对方说的话的反馈。但我们要知道，当男人说一些消极的事情时，他肯定期望女人能给予关心。而且，从这句话也能看出这个男人是愿意分享、愿意表达的，比那些遇到事情什么都不说的男人强了很多。但他妻子给了一句“是吗”的反馈后，又用接下来的话展示她内心真正的想法和她急于表达自己的需要。

她后面的回应是“弗兰克周末要展示一栋新屋，他叫我明天帮他搞定，你敢相信吗，明天就要办好”，这句话接在“是吗”后面，这是明明确确告诉对方“你的问题不重要，我也不想听，我根本没有听进去，反而是你，应该来听听我的事，我的事才重要。别让我关心你，我关心的是我自己，反而是你，你应该关心我”。

请你尝试进入角色中，试试把自己当成这个男人，然后再来看看这段对话，想象一下你有什么感觉。

“我想辞职。”

“是吗？弗兰克周末要展示一栋新屋，他叫我明天帮他搞定，你敢相信吗，明天就要办好……”

好，现在你作为这个男人，听完这段对话，你有什么感受？

孤寂、惆怅、压抑、愤怒，你感觉被忽视、被轻视，感觉到对方的冷漠，试想一下，在这样的气氛下，你是否还能敞开心扉和对方沟通呢？

“不发火儿就不错了”或者“我该紧紧闭上嘴巴”，这应该是一般人会有的想法。

很多夫妻来我这里咨询，他们坐下以后，对我说的话常常都是：“我已经尽量尝试跟他/她沟通，但是一点作用都没有，我们聊来聊去，根本解决不了问题。”

已经尝试沟通，可还是解决不了问题，那问题出在哪里呢？在我看来，他们都没有“带耳朵”。他们的确说了，还说了很多很多，但都没有听对方在说什么，对方想表达的是什么。所以，这节课的重点，就是听。

“是因为我太内向了，没有办法开口，我也试着挑战自己，但我真的没办法开口”，有人会这么对我说，如果你也有这样的想法，那么这也是你说话能力无法提升的原因。

“我也很认真听他在说什么，可是我说出去的话还是不能让对方满意”，如果你有这样的想法，那问题也出在你其实没有听懂对方想要表达的是什么。

如果我们可以在倾听对方说话的时候多多注意自己的立场，不仅可以提升你的倾听能力，还能提升你的说话能力。当然了，说话的能力我会在下一课里专门讲。

魔力倾听四步法

接下来，我介绍一下“魔力倾听四步法”，这是我在咨询中总结出来的与听有关的技术。这一方法有四步，你也可以理解为一步，那就是倾听。

“魔力倾听四步法”的内容，是为了让你能聚焦在和对方谈话的内容上，这样可以把普通的倾听转变成让你更理解对方的倾听。

这四步是：❶听，与对方有关的对方的看法；❷思，与对方有关的我的看法；❸思，与我有关的对方的看法；❹说，与我有关的我的看法。

我想你肯定觉得有点绕，下面我一步一步详细地解释一下。首先，你要明确这四步都是在你说出话之前，你大脑中的思维和想法活动的过程；

其次，它们和别人无关，都是你自己脑中想的或需要想的事；最后，这四步中，最重要的是要平衡分析第一步和第四步，你要能分辨出“对方”和“我”之间的不同需要、不同想法、不同价值观，然后就能很快收集好对方的信息资料，进而判断应该怎么做了。

下面我先对每一步解释说明一下。

第一步：听，与对方有关的对方的看法

这一步指的是，当你在听对方说话时，首先要考虑他/她说这句话是在表达什么观点，表达什么信息，表达什么想法和需要。这个时候的你，需要完全站在对方的立场想问题。当你不清楚、不了解他/她的表达时，你就要尽可能地问清楚。在你们俩此时的沟通中，对方是主角。

说到这里，你记起前边我让你邀请别人出席的“温暖晚宴”了吗？是的，就是当天那种做法，把对方放在第一位，完完全全去了解对方的所想所需所感。

第二步：思，与对方有关的我的看法

这一步指的是，在对方说这些话，表达这些想法，遇到这些事情的时候，我对他/她说的这些事的想法和看法是什么，我怎么评论这些事。

为什么有些夫妻、情侣在沟通的时候往往会产生矛盾，就是因为第二步和第三步出的问题，因为他们在还没有听完对方说什么时，就开始臆测、武断地推测衡量对方的话。

比如女孩对男孩说：“你能帮我做一个东西吗？”

男孩回答说："我最近工作很忙，估计没什么时间。"

女孩这时想：我早就觉得你是个小气的人，果然如此。

当她想到对方就是一个小气的人的时候，她肯定不会继续把对方的话听完，她可能会酸酸地或者狠狠地把对方责备一番，又或者会直接转身走掉，根本不听对方解释。

第三步：思，与我有关的对方的看法

这一步指的是，有些时候阻碍我们表达的关键是我们总担心对方对自己有不好的评价，担心我们说出这句话对方会不满意。这一步跟第二步很像，也是自我臆断和推测。

还是刚才那个例子：

女孩对男孩说："你能帮我做一个东西吗？"

男孩回答说："我最近工作很忙，估计没什么时间。"

女孩这时想：我就知道你不爱我，所以才会嫌弃我要求你做这做那，你根本不想跟我在一起，你其实早就想离开我了……

当女孩这么想的时候，她会怎样表达呢？她肯定会哭诉男孩对她的各种不上心的行为，述说自己的不容易，说自己有多么郁闷等，到最后，他们俩可能真的就以分手收场了。

第四步：说，与我有关的我的看法

这一步是指，对于对方说的内容，我自己的观点如何，我有什么不一样或跟对方一样的看法和想法，也就是要找出我与对方需求的共同性。然

后你就可以在把之前的所听所想综合起来进行分析后，直接理性地表达出你的观点。

具体解释下面我会举例子让你更清楚明白。

用“魔力倾听四步法”解决问题

现在，我再重复一遍，这四步都是在听对方讲话的过程中，我们的大脑收集和整理的信息，它一边收集对方话语中的有效信息，一边来帮助你自己未来做出相应的回应。而这四步中，最重要的是第一步和第四步。

我用本课开头的例子中丈夫回家说的第一句话“我想辞职”，来作为对象进行分析。

首先，我们看第一步，听，与对方有关的对方的看法。当对方跟你说话的时候，你首先需要关注的是他在说什么，他此时此刻想要表达的是什么。所以，当听到他说这句话的时候，你应该想：他遇到什么事了，他怎么了？

然后，来看第二步和第三步，这是在你说话前，最能影响你表达的部分。夫妻、恋人之间吵架、沉默不语，问题往往就出在这两步：思，与对方有关的我的看法，以及与我有关的对方的看法。

在这两步中，听的人往往会加入很多自己的臆测，“他就是这样一个没有责任心的人”“他就是这样一个不负责任的男人”“他就是这样做事情没有长性”，又或者从臆测对方转回到对自己的攻击，“都是我自己笨，居然选了这种男人，我早就应该离开他，当初我爸妈、朋友跟我说我们不合适的时候我为什么没有听他们的话”。

你想想，当你脑中有这些臆测的内容出现时，你肯定不会有好的心情去和对方沟通。如果妻子在脑海中给丈夫贴满了坏标签，“不负责任”“工作能力不强”“个人素质太低”“平时就不喜欢学习”等，那这个妻子在听到丈夫说“我想辞职”时，可能就会说“我早就让你多学习，你就是不听”或者“你就是不善于处理这些工作上的人际关系”。

这里，我想多讲讲臆测的概念。从心理学角度看，臆测是指在某一客观条件下人的主观猜想、揣测。这是十分重要的心理现象。我们在听完别人说话后，一般都会对听到的信息加以估计和推测，这就是我们的主观臆测。事实证明，人们做任何事情，都喜欢臆测，多数是自然地根据习惯、经验进行推测，所以臆测是影响人的思维和行为活动的主要因素。许多情况下，人们把臆测当作事实，形成主观断想，如果与实际情况不符，就会带来损失，导致犯错误。最容易犯的错误是，先入为主地下结论，这就是臆测的影响。

在这两步，你一定要注意哪些想法和情绪是加入了自己的主观臆测的，然后将自己的臆测排除，理性地分析。

最后，第四步，说，与我有关的我的看法。此时，你需要根据前三步的所思所想对他说的话进行综合分析，找出彼此需求的共性。根据第二步和第三步的思考，排除主观臆测，你可能会有以下两种想法：我认为他可能是在发泄，但根据他平时的表现，他好像真的是有这种想法；或者是我不相信他说的是真的。而这些想法与第一步的“他遇到什么事了，他怎么了？”综合起来考虑，你就明白了你们需求的共性，也就是他发生了什么，接下来应该说什么就很清楚了。

所以，这位妻子应该要说的话是：“老公你怎么了？是工作上遇到什么问题了吗？”

忘记“我”，记住“他”

在与他人沟通的过程中，为什么我们总是会陷入主观臆断呢？这主要是因为我们经常不由自主地把别人考虑问题的出发点设置成与自己相同。

一般而言，我们对一个自己从未接触过的人的看法来源于“听说”。眼见为实，耳听为虚的道理每个人都懂，但我们还是容易根据“道听途说”的消息对一个人做出判断，其根源在于通过这种方式判断大脑获取信息的成本低，毕竟通过经验来判断更快速、更便捷，而通过思考来判断是需要

时间和精力，需要耗费更多成本的。久而久之，人们就习惯了用经验来判断事物或人，并且开始依赖这种判断方式，从而降低了判断的正确性。

我们不得不承认，臆测在生活中造成的误会数不胜数。

比如我有一个朋友去拜访一位远房亲戚。当时老爷子在客厅的凳子上闭目养神。朋友上前去打招呼，老爷子眼也没睁，只哼了一声，搞得朋友很尴尬，觉得老爷子也太傲气了。

结果后来他才知道，老爷子的眼睛刚做完手术，完全睁不开，并且非常难受，完全无暇客套。事后，朋友和我谈起这件事，说人难免被主观情绪左右，但是不了解事实真相就没有发言权。

还有些时候，臆测来自我们给对方贴上了不可撕去的标签。也就是我认为他是什么样的人，他就是什么样的人，不管他是不是，我就认为他是这样的。比如你常常能听到这样的话，“你就是一个小气自私的家伙”“你做事永远这么拖拖拉拉”，当你给对方贴上这样的标签后，你就不会冷静地考虑问题。

说了这么多，我就是想用臆测这个词，让你清楚地明白，这是你自己的猜想、揣测，不一定是事实。而这些臆测，很多时候也就是导致你们矛盾升级的罪魁祸首。而且，大部分消极的臆测会让你烦躁、气愤，让你把对方当仇人，对对方充满敌意。

所以，现在我们再次回到“听懂对方话语”的部分。听，最重要的，是要知道对方想要表达什么，你的关注点在对方身上，而不是自己身上，所以听对方说话首先听的是“与对方有关的对方的看法”；然后你需要思考“与对方有关的我的看法”和“与我有关的对方的看法”，要用积极的方式，去关注对方的需要，而不是自己对对方的臆测；最后，是“与我有关的我的看法”，综合之前的所有思考，进行直接的表达。

总结一下这一课的内容。这一课的主要内容是“倾听”的方法，“魔力倾听四步法”是：1. 听，与对方有关的对方的看法；2. 思，与对方有关的我的看法；3. 思，与我有关的对方的看法；4. 说，与我有关的我的看法。

如果用臆测的方式来跟对方进行谈话，不久你就会得到对方“你根本不懂我”这种评价。而这四部曲内容的核心，都是让对方尽情表达自己心里想说的事，你想要说服对方，希望对方能耐心听你的需求，都需要你对对方有更多的了解。

用“魔力倾听四步法”沟通一件事

这节课的自我提升练习部分，是需要你想一件平时你和爱人需要沟通的事，然后想想他一般第一句说的是什么，然后根据“魔力倾听四步法”把你的倾听和思考过程写下来，特别是写下你以前的想法以及积极考虑他需要什么之后的新想法，看看与你之前说的话相比，现在有什么更好的表达。

一件你和伴侣需要沟通的事情

1.听
与对方有关的对方的看法

2.思
与对方有关的我的看法

3.思
与我有关的对方的看法

4.说
与我有关的我的看法

最后顺便提一句，在沟通的过程中，一般需要不停地重复彼此的需求是什么，直到找出对方的需求和你的需求之间的共性，这样才有助于你们真正地彼此了解的沟通。

第 15 课

你可以哭泣，但不能沉默

From tomorrow on I will be a happy man

很多夫妻在跟我咨询的时候都会说，本来引发吵架的问题并不是很严重，可不知道为什么，越吵气越大，越吵越严重。很多时候，本来是很简单的类似于“到底是随意从中间捏牙膏合适，还是从后面慢慢挤牙膏合适”这种问题，争论到最后，就会上升成“你家陋习多”和“你家人自私狭隘”这种家族人格层面的矛盾。

很多人真的不会好好说话，也不会好好解决问题，所以从下面这个夫妻吵架的片段开始，我会让你了解清楚问题到底在哪里，应该怎么解决。

一对中年夫妻，结婚十多年了。前几年还好，没什么大矛盾，即便大吵一架，睡一觉，出去吃个饭就相安无事了。但随着婚龄越来越长，矛盾越积越多，彼此之间的耐心逐渐被磨完，对对方的成见也就越来越深，他们的关系也越来越紧张，几乎每天都会吵架。

虽然两个人都不喜欢这种吵架的状态，可他们完全没有办法扭转这种说话就吵架的习惯。一天晚上，当医生的丈夫终于爆发了，他再也受不了这种生活，于是冲进卧室，开始收拾衣服准备分居并与妻子离婚。

“你要去哪里？”妻子皱着眉头站在床的一边，冲着另外一边正黑着脸收拾行李的丈夫问。

“今晚暂时住酒店，之后我还没想好。”丈夫只顾整理衣物，头也不抬地说。

妻子看到丈夫这种不理不睬的模样很生气，她把手放在裤子口袋里，情绪越来越激动地说：“你老是这个样子，肖恩，你对我都没有对病人尊重，对病人，你至少会在手术前告诉知他们手术的信息和可能的结果。”

听到妻子这么说，丈夫特别不耐烦，因为这种场景发生过太多次了，他立刻昂起头针锋相对地回应她：“别再扯这些没用的，茱莉娅，现在是你想摆脱这段婚姻。如果你不想，那就该为我们而努力，但相反，你所做的只是对我宣战。”他使劲地挥动着自己的手臂，情绪激动。

“你真他妈的是个伪君子。”妻子鄙夷地看着丈夫，双手抱胸。

丈夫听完转身使劲摔下自己手中的衣物，大吼道：“和你在一起，我很痛苦；和我在一起，你也很痛苦。”

妻子受到了惊吓，但眼前的丈夫仍然瞪大眼睛对她指手画脚。

“我们最大的不同在于，你享受着这种痛苦无法自拔，而我宁愿先分开，大胆尝试，努力找出方法让我们重新来过。我们得改变现状，否则就只能凑合着浑噩终老，”丈夫一边说着一边摇头，“你要是太过麻木不采取行动，那就我来。”

妻子听完略微低下了头陷入思考，眼里的泪水开始打转，然后她坐在床边，抬头看着丈夫，冷静地说：“孩子们怎么办？”

丈夫回过神来，说：“我没说过要放弃父亲的角色，我当然会看望他们。”

妻子听完又止不住地开始抱怨：“每周一个小时吗，就像你现在这样？”

丈夫低下头，停下了动作，妻子也转过头咬着嘴唇，不想看他。过了几秒，妻子开口说：“难道对于这一切，我都不能说句话吗？”

丈夫点了点头，情绪稳定下来，说：“你能说，说你仍然爱我，我就留下来。”

妻子忽然愣住了，然后起身离开床边，看都没看丈夫一眼，径直走出了房间，只留丈夫一个人在房间里低下了头，不知所措，情绪低落。

你已经看完这段对话了。你认为他们之间的矛盾应该如何处理呢?

我想你可以试着先来解决一下这个矛盾。

“你要去哪里? ”妻子说。

“今晚暂时住酒店，之后我还没想好。”丈夫回答。

妻子看到丈夫这种不理不睬的模样，很生气。

她说：____

(请填上你想说的话)

仔细看看你写下的这句话，想想如果你是这个丈夫，当听到妻子这么回答时，你的感受会怎样，会越来越火大还是火气会消很多?

接下来，我会用上一节课你学到的“魔力倾听四步法”来分析他们彼此想的是什么，以及他俩应该如何破解这种争吵模式。

有一种梦境，叫情绪记忆

说到情绪，我先讲一个我晚上经常会做的梦吧。

梦里，我又一次坐在高考的考场（这种梦我已经做过很多次了，这个场景可能你也不陌生），试卷摆在我面前，我快速浏览了一下，把试卷翻过来翻过去仔细地看，可是不管我怎么看，所有的题我都不会做。

“呼……”你有没有也想长舒一口气？说到这里，你一定能对我当时的情绪感同身受吧，紧张、焦虑、恐惧、沮丧、烦躁、失望，这些负面情绪全部跑出来，让人备感压力，这种感觉让人想怒吼、想爆发。

我问过周围很多人，他们在生活中遇到压力事件的时候几乎都和我一样，都做过高考考试梦，在梦中的他们，也备感压力。

我想让你也体会一下这种压力，记住哦，接下来读到的内容，你都要慢慢体会，然后感觉一下读完有什么样的情绪。

现在的你，穿着高中时代的校服，坐在高三的教室里，你周围的同学都在埋头用功学习，他们的桌子上都堆着高高的复习书本，你耳边随时都回荡着老师激励的话语，“今日浪费一分钟，来日后悔一辈子”“要成功，先发疯，下定决心往前冲”“如果你考不上好大学，你就找不到好工作”，这些“打鸡血”一样的话印在红色的条幅上，挂满了整个教室。

此时此刻的你，环顾一下四周，你有什么感觉。

紧张、焦虑、恐惧、害怕，你怕考不好辜负了父母的期望，也怕考不好让自己难过，更怕考不好以后没有了未来。如果你对考试没有信心，你可能还会产生失望、内疚、忧伤、抑郁这些情绪。

心理学上有一个名词叫“情绪记忆”，也叫“情感记忆”。顾名思义，它是指以我们自己体验过的情绪、情感为内容的记忆。

情绪记忆具有鲜明、生动、深刻、情境性等特点，往往比其他记忆更为牢固。有研究发现，情绪记忆不仅留存在我们的大脑中，它更多的是留存在细胞、肌肉中。有时候我们已经记不清经历过的那些事件的具体细节，但激动或沮丧的情绪还会非常深刻地影响我们的身体，就像你有时候遇到焦虑性事件会后背疼痛、肌肉僵硬一样。

我的咨询室来过很多夫妻，当我问他们“请你们讲讲一件具体的吵架事件”时，他们往往会深思片刻，然后告诉我具体的事儿不记得了，但那种感觉很不好，如果我追问他们，让他们再仔细想想，他们会很认真地想上一会儿，然后依旧告诉我说记不清了。但如果我追问他们“当时你有什么感觉”时，他们则能眉飞色舞地描述自己的感受，描述当时对方的表情，这种感觉他们记得非常清楚。

夫妻之间吵架，很多时候就是因为长时间积累了对对方的不满，所以你会看到对方因为你一句无心的话，或者一句没什么大不了的话而产生巨大的情绪反应。

这里我不多讲关于情绪的话题，我着重介绍如何解决。

如果没有说出那句话……

现在，我们把重点放在如果遇到问题需要解决，应该如何说话上。下面，就前面的案例，我们来一句一句地分析。

首先，妻子看到丈夫在收拾行李，已经清楚他肯定是要离家出走，于是她问："你要住哪里？"丈夫就事论事地回答说："今晚暂时住酒店，之后我还没有想好。"

这是情侣、夫妻之间吵架最重要的一个扭转性节点。处理得妥当，你们的关系就会缓解；处理得糟糕，你们的关系就会瓦解。

你想想"魔力倾听四步法"的第一步，与对方有关的对方的看法。

他的看法也就是他现在的行为，所以你要清楚，他在想什么。大致上，一个人收拾行李走人并说“我要跟你分手”，都是在告诉对方：我觉得我们过不下去了，我现在很头痛，这个问题我现在解决不了，我已经黔驴技穷了。又或者他也是在告诉对方：你快点想办法解决，赶紧挽留我，快点说出让我安心的话。

所以如果在这个时候，你说：“我们休战好吗？现在我和你一样，也不知道该怎么办了，但我不想吵架，我也希望能找出办法解决我们之间的矛盾。”你们之间的紧张情绪就会立刻得到缓解。因为在你这么说的时候，对方能感受到你想解决问题，而不是想制造矛盾的态度。而且里面有一个很关键的词——我们，这两个字把你们俩紧紧联系在了一起，它会让对方觉得你们俩是一体的，你们俩是不会分开的。别忘了，真正在爱情和婚姻里投入了的人，是不会希望分离的。

但很可惜，不幸福的家庭沟通模式总是相似的，就像这对夫妻的回答一样。

当听到丈夫要去酒店住时，妻子立刻抱怨地说：“你老是这个样子，肖恩，你对我都没有对病人尊重，对病人，你至少会在手术前告诉他们手术的信息和可能的结果。”

丈夫也立刻抱怨地说：“别再扯这些没用的，茱莉娅，现在是你想摆脱这场婚姻，如果你不想，那就该为我们而努力，但相反，你所做的只是对我宣战。”

听完这段对话，你想起“魔力倾听四步法”的第二步和第三步了吗，“与对方有关的我的看法”以及“与我有关的对方的看法”？你想起“臆测”这个词了吗？请你牢牢记住这句话：你说话的能力，取决于你是否具有正确的推测能力。臆测是推测的一种，我认为臆测包含了很多消极负面的情绪和经验。

在妻子的这句回应中，你能感觉到她的潜台词：你从来没有好好跟我解决过问题，你遇到事情就逃跑，从来不敢面对，也不愿意跟我解决。你说什么就是什么，你有跟我好好谈谈吗？我讨厌你，我恨死你了。妻子不仅会说，她的脑海中也会浮现出以前他们吵架的种种场景。在她心里，她丈夫就是个遇到问题就逃避的自私自利鬼。她所用的就是我们的“魔力倾听四步法”中的第二步。

而丈夫呢，他用了“魔力倾听四步法”的第三步，“与我有关的对方的看法”，他说“现在是你想摆脱这场婚姻”，他这么说是因为他听到了妻子的抱怨，于是想到的是：你这么烦躁地表达对我的不满，说我这不对那不对，不就是想跟我分开吗？这位丈夫用同样的臆测推断出自己的妻子就是不想跟自己在一起了。因为有这样的臆测，所以他才会说出“是你想摆脱这场婚姻”的话。

互相扭曲对方的想法，这就是很多恋人、夫妻吵架越吵越厉害的原因。因为都基于自己的胡乱臆测，无法清楚地解释，或者不愿去解释，所以最后矛盾愈演愈烈。

如果这个时候妻子能停一下，说：“你收拾东西要走让我感觉很无助，这一次你能不能留下来，我们俩一起尝试把问题解决了？如果我们俩找不到解决办法，就找专业的咨询师帮我们。”

还记得吧，这就是我前边写到的刀子嘴的“温暖表达四部曲”：描述事实、表达观点和感受、说出理由和需求、给出建议或请求。这套方法用在这里也是极其合适的。

我们再把妻子的原话和修改后的话重复一遍，你来感觉一下。

原版：你老是这个样子，肖恩，你对我都没有对病人尊重，对病人，你至少会在手术前告诉他们手术的信息和可能的结果。

修改后：你收拾东西要走让我感觉很无助，这一次你能不能留下来，我们俩一起尝试把问题解决了？如果我们俩找不到解决办法，就找专业的咨询师帮我们。

不用我说，你也会觉得第二种模式能把战火浇灭，也能让两个人平心静气地尝试共同面对问题。

现在我再来说说丈夫，如果他这个时候换一种思路，想：我老婆就是一个刀子嘴的女人，她不太善于温和地表达，每次一生气就不停地抱怨，说话很难听，但她总是把家收拾得干干净净，不生气的时候也很体贴我，很关心我，我也许不应该突然收拾衣服就要走，我应该跟她好好说话。

当丈夫这么想以后，他说出来的话可能就会变成这个样："你这样不停地抱怨真的让我想要逃跑，我不想在家待，我很清楚你想要的是我能心平气和地跟你解决问题，可是现在我正在气头上，估计也没法好好跟你聊，今晚我不走了，我们俩暂时分房睡，明天我们再找个时间好好谈谈怎么样？"

"呼——"有没有长舒一口气的感觉，一场暴风雨好像过去了。

既然风暴解除了，那我们就可以心平气和地来总结一下异性缘好的人都是怎么说话的，看看他们是如何平稳地化解家庭矛盾的。

首先，我们要知道，人在与对方说话的时候一般有两个需求，第一，要展示自己的无所不能；第二，随时随地渴求被关注。喜欢展示自己无所不能的人，无论别人和他说什么，他总会总结自己的观点，总会用自己的想法来强压对方的想法，他的话每一字每一句都在告诉别人“你不行，我行，你太笨，我聪明”。而随时随地渴求被关注的人，他和别人的每一句谈话，都会围绕自己来讲，他就想告诉别人“这个世界唯我独尊，你的话里只能谈我，我说什么你就回答什么”。所以，在平时的沟通中，能摒弃掉这两点的人，大家就会愿意和他说话。围绕对方想聊的话题来聊的人，就会让别人很舒服。

其次，这节课的重点是用一个夫妻吵架的场景来让你清楚，当情感出现问题时应该如何解决。解决的步骤就是：先听懂对方表达的观点，不是表面上他说的这几个字，而是他内心真实的需要；接着，表达自己对这件事的观点；最后，找出解决问题的办法。

实战练习

揭秘神奇的大脑，将矛盾消解于最初

既然你已经认认真真读完这课的内容了，那就来做下这个自我提升练习吧，就是“揭秘神奇的大脑”。

1 找一段类似这堂课开始时讲的那种夫妻或情侣吵架的视频，比如你看过的电视剧中的桥段，或者你最近刚刚与你的爱人吵架的情形。

2 把两人之间的对话写下来。不用太多，最多10句对话就可以了。

3 一句一句地在这些句子后面分析出当时说话人的想法和感受，以及他应该怎么说才能化解这个矛盾。

你们的对话	你和对方的内心感受	修正你们的对话
1.	1.	1.
2.	2.	2.
3.	3.	3.
4.	4.	4.
5.	5.	5.
6.	6.	6.
7.	7.	7.
8.	8.	8.
9.	9.	9.
10.	10.	10.

第16课

容颜总会老去，魅力却比时间更永久

From tomorrow on, I will be a happy man

现在做整形的女性越来越多，当然了，男性做整形的也不少。有些人是为了找更好的工作，有的是为了更漂亮，也有的是为了让自己更有自信。不管她们抱着什么目的去整容，最终都是为了让自己变得充满魅力。

多年前，我曾参与录制过一期与整容相关的电视节目，节目中的女嘉宾刚刚20出头，可她已经做了100多次整形手术，垫下巴、磨腮骨、抽脂、垫臀，连脚后跟都做了手术。因为手术过程出了问题，在节目中，她的嘴巴、眼睛一直都闭不上，她戴着口罩，但我依旧能看到从口罩边缘流出的口水。我们问她为什么要做这么多手术，她只有一句话："想变得更漂亮。"

我承认，整形的确可以让人变得更美，但美得也只是某一些器官而已。而一个人的美，是由内而外，由心而发的，是一种积极的情绪，一种很强的自我认同，一种心理上的幸福感和满足感，最后这些感觉再外化到你的身体、肌肤、容颜和气质中。这种美，对一个女人来讲才是真正的美，真正的魅力。

有一位我很欣赏的女性，她是20世纪80年代的香港影星，1960年出生的她现在依旧神采奕奕地出现在公众面前，她就是钟楚红，人称红姑。她是全香港当年的女神，也是很多人心中的不老女神。她有一段幸福甜蜜的婚姻，却在最红的时候回到家庭，并且和丈夫一起把他们的事业做得非常成功。她没有整过容，一直笑着面对人生，整个人都散发着迷人的光彩，无论是年轻时候的她还是现在的她。

如果让你选，你想做一个不停整容、得到完美五官的女孩，还是五官不完美，却从内而外散发着魅力的女孩呢？你肯定想做后者。为什么？因为这样的女孩即使五官不够完美，却能从全身上下都散发出一种迷人的光彩，让我们觉得舒服，这，就是我们常常说的魅力。

关于如何提升女性魅力，每个人都有不同的看法，有人说穿着要有品位，有人说要学会化妆，还有人说要通过锻炼身体提升气质，但如果要我说，我会说，在沟通中懂得共情能力的女人，最有魅力。

当然，在学习共情之前，我想确认你已经把这本书之前的内容都通读一遍了，并且也已经学会了自我积极肯定，知道每个人都有过创伤，无论来自原生家庭还是来自曾经的恋爱；当然，你也学会了换位思考，能了解和你不同的异性以及自己的各种需要；最后，你也学会了一些沟通。在你已经掌握的这些内容的基础上，再加上懂得共情，当然你就是最有魅力的了。

共情，是幸福的前奏

“共情”，这是一个心理咨询中常用的名词，它是指一个人能够理解另一个人的独特经历，并对此做出反应的能力。共情能让一个人对另一个人产生同理心，并做出利他行为。共情不是一种情绪，也不是一种感受，而是人类与生俱来的一种能力。

这里，不得不提到我之前做过的一个培训课。在那堂课上，我让女性学员们做了两个体验，目的是让她们体会一下共情的力量。

这个体验活动要求她们两个人一组。第一次体验，她们其中一个人低头玩手机，不许抬头，另一个人不仅要认真开心地看着对面这个人，还要跟她聊自己觉得好玩有趣的事，这样的场景要坚持 5 分钟。

5 分钟后我让她们谈谈彼此的感受。

有一个低头看手机的女生说：“我虽然在低头看手机，但是我嘴上一直在回应她，她应该不会感觉不舒服。”但那个与她一组的人则说：“我觉得不舒服，她都没看我，让我感觉她只是在敷衍我。”

另外，很多说话一方的人说，这么聊天虽然只有 5 分钟，对方也会和她们说话，但因为对方完全没有抬头认真看着她们，没有耐心地、全神贯注地对待她们，她们还是感到愤怒、生气、不满。还有学员说："我刚聊了不到 1 分钟就聊不下去了，我也开始看手机，没有再说话。"

你可能会认可这种愤怒生气的感觉，也可能觉得没有必要这么大惊小怪。如果你觉得没有必要大惊小怪，那请你先合上书，去找你的爱人，或者一个好朋友，让他陪你一起先玩一次这个游戏。你作为讲有趣故事的人，他作为看手机的人，你们一起聊 5 分钟。我估计不到 3 分钟你就会受不了。

第二次体验，我让她们两个人在说话的过程中一定要有眼神交流，让其中一个人耐心地听对方讲话。虽然这个过程没有 100% 做到共情式倾听，也只有 5 分钟，但在分享环节，讲话一方的人都说自己感受到了幸福，都说觉得耐心倾听的这个女生特别有魅力。有一些女生还一边抱着倾听的人一边感动地说"谢谢你这样陪着我"。

你看，只是小小的一个全神贯注的听，就能让大家感受到幸福，感受到魅力。

感受他的感受，需要一段很长的旅程

现在，我们再次回到共情的话题。

在 20 世纪 80 年代以前，对共情的研究主要在认知和情感两个方面进行。共情是咨询师深入到来访者的世界，体验来访者精神世界而无丝毫

“假设”成分的一种能力。共情经历了从认知取向到情感取向的转变。认知取向的共情概念比较重视认知加工过程的作用，认为具有共情特质的人能够想象出他人的感受，进而理解和预知别人的想法、感受和行为。情感取向的共情概念则认定共情完全是情感过程，是对他人状态或困境的情感反应。

美国著名心理学家欧文·亚龙曾经说过：“共情已经成为一种普遍而常用的词汇，就像流行歌手唱的陈词滥调一样，使得我们忘记共情过程的复杂性。”刚才我也说到“同理心”三个字，很多人认为共情和同理心是一样的，事实上它们有区别。

同理心是你将另一个人的经历理解为自己的某种经历，而事实上，你并不清楚你们俩的经历是否真正相同。

比如你新认识一个朋友，听说她外婆刚刚去世，恰恰那段时间你外婆也刚去世不久，于是你的同理心立刻起作用，你很伤心地说：“你一定很伤心，我知道，我外婆也去世不久。”的确，你说这句话能够起到一定的安抚作用，但后来你听别人说才知道，她是外婆带大的，她和外婆的感情比和妈妈还深，她觉得外婆是这个世界上对她最好的人，所以她不仅仅是难过，那种痛彻心扉的感觉就像我们说的心里掉了一块肉一样。而你从小基本没有和外婆生活过，你的难过只是失去了一个亲人的难过，跟她的难受程度根本不一样。

这时，你冷静地想想，当一个人渴望被别人理解，被别人认可时，他会希望对方只是轻描淡写地说一句“我能理解你，我也经历过”吗？

人本主义心理学先驱阿德勒曾总是要求自己和自己的学生“穿上病人的鞋子（站在病人的立场上）来感受与观察病人的体验”。这恰好说明了共情与同理心之间的微妙关系，同理心只是共情的第一步，真正实现共情，还有很长的路要走。

当我们遇到事情的时候，可能会在一刹那产生同理心，但是要做到真正的共情，也就是能对一个人的情感做到感同身受，我们就需要花时间来了解他所说的事情的真相，了解他的生活轨迹，就像看一部他的成长纪录片一样了解他。如果做不到耐心地倾听，具体地询问，详细地了解，你就根本无法做到真正的共情，也就做不到我们常常说的那句——懂他。

科学家也对共情进行过研究，他们发现，当我们对别人产生共情或是接受别人对我们共情时，会产生一种奇妙的变化。两个人之间的共情互动会释放出一种能够使大脑平静舒缓的化学物质，也就是后叶催产素，它能给我们带来安全感和乐观的感受。大脑中的这种变化能够让我们变得更加幸福，在遭遇不幸时的复原能力也更强。

有一次我去国内一个高校，他们有一个专门研究催产素作用的项目，研究人员笑称，催产素为忠诚“催化剂”。科学家们经过实验发现，吸入后叶催产素的恋爱中和已婚男士，对美女照片的反应明显迟钝了很多，除此之外，他们还会更加认可自己女朋友或妻子的照片，认为她们更有吸引力。

我们可以看出，后叶催产素不仅能让女性幸福，也会让男性幸福。当然，对后叶催产素的研究还在继续进行着，但我们可以通过这些研究确认一件事，就是当你具备很好的共情能力时，你的后叶催产素分泌水平会提高，你的幸福感会增加，魅力值也会上升。

最致命的魅力，在于共情

关于如何做到共情，我总结出四点。如果你在耐心倾听的时候能做到这四点，你就是一个很好的共情者。

1. 改变认知

从我们自己的角度去理解某种情况，是最容易阻碍共情倾听实现的原因，也会让听话的人做出防御性反应。所以，共情的第一个要求就是改变你的刻板印象。很多时候，我们对一些事一个人已经有了自己的一套理解和认知，但别人的认知可能和我们的完全不一样，这时就需要你全身心投入到另一个人的经历中，去重新了解、评价他。

比如有一次在咨询时，一个女孩对我说，她觉得那个追她的男生太像“屌丝”了。事实上，那个男生可是外地考进清华的学子。在我的概念里，“屌丝”这个网络词可是“矮矬穷”的代名词啊，一个在清华读书的男生当然没有什么收入，但难道他穷一点女孩就要这么说他？我不太理解，所以我问她："你是怎么定义'屌丝'的？"她说："'屌丝'就是不修边幅，头发乱蓬蓬，让人觉得很邋遢的人。"啊，这时我才恍然大悟，原来女孩用"屌丝"来形容不修边幅的男生，跟我理解的网络定义完全不相关。

所以，我把改变认知放在共情的第一条，它需要你集中注意力，关注对方说的话，了解对方的想法，用对方的观点来理解他的话语，不能有偏见。

2. 别把自己当"先知"

在很多已婚夫妻和恋爱时间稍长的恋人中，常常会出现这种现象：不管谁开口，另一个人马上一脸"我早就知道你会说什么""我就知道你是会这么讲""我已经知道应该怎么解决了"的表情。

这会让人清楚地感受到对方根本就没有集中注意力听自己在讲什么，而是迫不及待地想要反驳或者给出建议。而这恰恰是我们亟须改变的，也就是改变已有认知中两种最常见的负面认知经验：先知和负面回忆。

"先知"是最危险且有害的方式，它会把共情完全驱逐出去，不会让两个人彼此理解对方说的话。如果你能把每一次的沟通都当作全新的，了解对方当下所说的内容、想表达的感受，你就不会用"先知"来屏蔽对方的表达，就会让对方感受到你在认真耐心地了解他。

3. 克服以自我为中心

我们讲话时，通常并不会关注听我们讲话的人的感受如何，他们想不想、喜不喜欢听，他们对这个内容感不感兴趣，大部分时候我们都不关心，我们习惯高谈阔论自己，就像你肯定遇到过这样的情况：跟别人聊天，他们说得眉飞色舞，可你觉得如坐针毡。

所以，你要克服以自我为中心的习惯，在讲话时看着对方的面部表情和身体语言，观察他眼中是否有亮光，是不是想打哈欠，是不是有些不耐烦了。千万不要假设他们肯定在听，也不要假设他们肯定听懂了。你可以问问“你还想继续听完吗”，或者“你觉得我刚才说得怎么样，你怎么理解的？”

在谈话沟通时，你越能了解自己和对方的感受和需要，就越是能让谈话双方感受到温暖，因为“我被你了解了”这句话是我们一直都在追求的反馈。

4. 安抚对方

在一次培训课上，我的一个学员正在讲述她父亲是多么严厉地对待她，另外一个学员拍拍她的肩膀说：“我能理解，你爸爸的确对你太严厉了，他根本不尊重你的需要。”结果，这个正在讲话的学员立刻往后退了一下，甩开了她扶在自己肩上的手。

后来，这个学员说，她讲自己的父亲是因为想表达自己当年对父亲的不理解，她父亲已经离世了，她再也享受不到他的严厉了，她一直在反思当初自己为什么就不能好好和父亲说话。

所以，安抚对方，一定是要在听完对方的话，感受到对方的感受后再给出的，如果你太热情，太急于给对方安慰，实际上是在证明自己有多么厉害。

如何做好一个共情者，让别人感受到你的魅力？就是需要你在跟别人聊天的每一刻都能做到放下自我、关注对方、耐心了解、给予对方想要的。我看到过无数个有共情魅力的人，他们都满脸散发着平静、耐心、温柔，跟他们在一起，你会觉得自己无比幸福。当然，我能肯定，他们和你一样幸福。

我来总结一下关于共情的内容。共情是指一个人能够理解另一个人的独特经历，并对此做出反应的能力。共情能让一个人对另一个人产生同理心，并做出利他行为。做一个好的共情者要做到四点：第一，改变认知；第二，别把自己当“先知”；第三，克服以自我为中心；第四，安抚对方。当你成为一个有共情能力的人时，你就是一个充满魅力，懂别人的人，这样的人，是会得到别人深深的认同的。

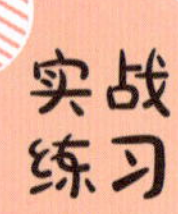

今天，做一个“空气人”

做一个好的共情者需要慢慢练习，所以这次的自我提升练习，我们来一个难度系数高的活动：做空气人。

这需要你用一天的时间，从早上起床开始，今天你说的所有话里面不能有一句以“我”字开头的话。记住哦，是以“我”字开头的话，特别是在与跟你的爱人在一起的时候，绝对不能说一句“我觉得……”“我认为……”“我要……”这样的话。

比如你想说“我觉得这件事应该……”，那就要把这句话变成“你觉得这件事……可以吗？”又比如你想说“我讨厌你”，就要把这句话变成“你这么做让我很不喜欢”。总之，绝对不能用“我”来开头说话。

这个训练最重要的目的就是克服以自我为中心的坏习惯。

哈哈，我想想就觉得这一天你会感觉无比难熬。啊，我好像也用“我”字来开头了。好了，这节课就到这里，为了成为一个有魅力的人，请好好练习吧。

第17课

愿你在不完美中，遇见最幸福的自己

From tomorrow on, I will be a happy man

当你翻到这页的时候，也就是我们快要说再见的时候了。

时间过得很快，我相信从开始读这本书到今天，你已经有了不小的变化，你更爱笑了，你的笑容更温柔了，你变得更温暖了。你是不是觉得自己的内心更柔软了，变得更加有耐心了，或者你都能感觉到你的皮肤变得更有光泽了？不仅你自己能感受到这些变化，你身边的人也能感受你的变化，他们会说，你越来越有魅力了。

魅力，这就是我希望你通过这本书的学习，能逐渐培养起来的一种特殊魔力，这种幸福的魅力会让人闪着光。

有一句话我相信你一定听过："再强的女人，也是女人；再强的男人，也是男人。"不管你是身家千万还是身家几十，除去金钱、物质、华丽的外表，你、我、他都是普普通通的一个人，我们有着各种情绪，会开心地大笑，也会难过地痛哭，会紧张焦虑，也会激动兴奋，在这些情绪和物质的包裹下，我们内心最渴望的就是幸福的生活。

我相信你在读这本书的时候，已经在努力提升自己，让自己变得越来越好，越来越完美，所以，我希望你看到这里时对自己默默说一句："你非常努力，你很棒。"

我看过一本书，名字叫"绝非偶然"，是社会心理学家阿伦森的自传。

阿伦森年少时居住在极度贫困的贫民窟，他有一个活得不如意且脾气暴躁的父亲，和一个常年争吵不断几无幸福可言的家庭，这些让他早期的生活非常痛苦。直到他上了大学。

大学的生活就像是打开了他人生的新篇章。他在大学里完成了自己的人生蜕变，他不仅找到了自己的兴趣所在——心理学，还找到了自己的爱情和一生的伴侣。

阿伦森在大学毕业时就明白了对每个人而言最重要的两件事情：第一，我将何去何从？第二，我将与谁同行？（我觉得对于这两个问题，可能很多人现在都没有找到自己想要的答案。）

阿伦森还在这本书中提到了一个社会学观点，也就是接下来我准备和你探讨的内容。

一个人越完美，我们就会越喜欢他吗？

社会学有一个基本的研究问题：为什么人们会彼此喜欢或者相互厌恶？在20世纪60年代早期，几乎所有的心理学家都会从行为主义的角度进行解释：我们喜欢以某种方式给予我们酬赏的人。我们喜欢外貌出众的人，因为他们美丽的外表让我们赏心悦目；我们喜欢聪明能干的人，因为我们可以依靠他们帮我们把事情做好；我们喜欢和我们有共同信仰和价值观的人，喜欢那些看似也喜欢我们的人，喜欢那些拼命表扬称赞我们、关注我们的人。相反，我们讨厌那些使我们遭受痛苦、尴尬或者不愉快的人。

所以总结起来就是一句话：我们喜欢的就是我们觉得很完美的人。

看到这里你肯定会说，我就是在拼命努力地让别人认为我是一个完美的人，我就是在不停地修正自己的缺点的人。我们从小到大听到的就是你要努力，你不能有一点缺点。

针对上面所有的那种说辞，作为社会学家的阿伦森反思：那是不是一个人越能干，我们就会越喜欢他？他的答案是否定的。阿伦森认为，如果一个人太能干，会给人留下难以亲近的印象；如果一个人像超人一样无所不能，反而会让我们觉得不舒服。

但他的这个假设是不是事实呢？为了证明这个猜想，阿伦森和他的同事一起设计了一个简单的实验。

实验的被试者是一些大学生志愿者，研究者们告诉这些学生，他们正在帮助研究者们进行面试，他们要挑选选手代表明尼苏达大学参加一个智力竞赛。研究者们说，希望被试者帮助研究者挑选参赛选手。如何挑选呢？每一位被试者都会听一段录音，听完后他要将自己对其中每一位选手的直观印象告诉研究者。

录音的内容是一个面试，录音中有四位选手：第一位表现得近乎完美；第二位也表现得近乎完美，但犯了一个愚蠢的错误；第三位表现平平，没有什么特别的地方；第四位也表现平平，同时还犯了一个愚蠢的错误。

这四位选手其实都是由一个人扮演的，只是他答题的内容不一样。但这些，参加实验的志愿者完全不知道。

录音中，这四位选手都先像做选择题一样回答完问题，第一位和第二位得分是一样的，第三位和第四位得分是一样的。

然后，当面试官问到这些选手的个人情况时，近乎完美的第一位和第二位选手都轻描淡写地说自己从小到大都是优等生，也是田径队队员；第三位和第四位说自己成绩中等，曾努力尝试进田径队，但是没有成功。第二位和第四位选手犯的愚蠢的错误是，将咖啡泼了自己一身，录音里传出杯盘相撞的混乱声，以及选手充满懊恼的声音：“天啦，我的新西装上到处都是咖啡。”

最后，研究者们请被试者评价四位选手的表现，排名第一的竟然是近乎完美却犯了错的第二位选手，近乎完美且没有丝毫错误的第一位选手反而不是大家最喜欢的。

这个研究结果在社会心理学家中影响很大，他们称这次实验为“失态效应”。

因为有缺点，才有你的灵动与鲜活

失态效应具体是指，人们会更喜欢不完美、会犯错以及承认自己会犯错的人，而完美的人则对人们没有那么大的吸引力。基本的要求是，他们要把这些不完美展现出来，人们才会更喜欢他。不过，在犯错误之前，你最好确保自己一开始做得近乎完美，也就是说你为自己努力了。因为在实验中，第四位表现平平又犯错误的选手可是排名第四位，也就是大家都不喜欢他。

有一个经典的段子是讲“四大美人的不美之处”，里面详细描述了沉鱼落雁、闭月羞花的美人们鲜为人知的短处。

王昭君的脚奇大无比，虽然汉代不流行小脚，但脚太大了也不算好看。当时人们有佩玉的习惯，于是王昭君请裁缝在裙摆镶满美玉佩饰，加强垂坠感，长裙拖地就把一双大脚给遮住了。

西施现在已成为美女的代名词，可美成她那样，仍然需要后天修饰，因为她的耳朵又圆又小，面孔比例不协调。为了弥补先天不足，西施总是选择比较大的耳环，在视觉上将耳朵拉长，平衡耳朵和头的比例。

貂婵出生时瘦弱可怜，母亲担心养不活，曾经想用细绳把她勒死，可到底心软下手轻，她保住了命，只是在脖子上留下了一道细痕。可是，脖子上的细痕和体味让她美中不足，于是她就让人制作了一条带坠子的项链，坠子里装满香料，把细痕和体味一网打尽。

而“回眸一笑百媚生，六宫粉黛无颜色”的杨贵妃因为贪吃荔枝之类的甜食而牙痛口臭，而且因为过于丰满，她步履沉重，走路姿势难看。据说某大臣为了讨好杨贵妃，送上一红一绿一对小玉雕鱼，让她含在嘴里，治好了她牙痛口臭的毛病。她又让人在裙子上缝了很多小金铃和玉佩，走路时金玉相撞，清脆悦耳，弥补了她脚步笨重的不足。

我当时看完这个段子，竟然笑出声来了，觉得这样的段子似乎把四大美人拉进了普通女人的行列，原来再美的人也会有缺陷。但再仔细想想，难道不是因为有了这些小缺陷，才让人越发觉得她们鲜活动人吗！

看到这里，你是不是觉得真的是这样，原来一个太过于完美的人是会让人有距离感的，原来一个太苛求完美的人是不会让人喜欢的。

是的，一个太完美的人会让人不敢靠近，让人觉得不真实，感觉有压力。

我有一些咨询客户，他们来找我咨询的目的，就是希望让自己成为一个完美无缺的人，他们总是说“我自己这里不够好，那里不够好”，即使他们身边的人觉得他们已经很好了，他们还是觉得自己不好。他们不仅对自己有很高的要求，对身边的人也有这样的要求，所以他们身边的人总会说“跟你在一起我好累”。而越是这样，他们就越觉得焦虑，觉得“我还是不够好，我要变得更好”。这种“更好”的念头一出现，他们就失去了魅力，大家也都会远离他们。

最后这一课的内容是关于“失态效应”，我希望你在经历之前所有的学习后，能够慢慢放松对自己的严苛要求，能够越来越欣赏这个天天进步的你。放下对自己的苛刻评价，放下对自己的完美要求，好好爱这个有着优点也有着缺点的你。

让别人喜欢你，让你爱的人更爱你，就是要让一个认真努力进取且有一些瑕疵的你开心地展现在他/她面前，因为只有这样的你，才是鲜活灵动的。

没有一个人是完美无缺的，谁都会有或多或少的缺点，而这些缺点并不会让你的光彩被埋没，让你不被人喜欢。恰恰相反，这些缺点让你更加灵动和鲜活。就像阿伦森的实验一样，最受人欢迎的不是完美的人，而是会犯错误的更鲜活的人。所以，请你接受自己的缺点，在不完美中遇见最好的自己。

实战练习

拿起笔，写给昨天的自己

最后这节课的内容，没有技巧，没有反思，没有批评，也没有表扬，你只需要好好地看看自己。

既然要好好看自己，所以最后这一次的自我提升练习，就叫作“给自己的一封信”。我希望你合上这本书后，找一个安静的地方，放一段轻柔的音乐，然后坐下，慢慢地呼吸。闭上眼睛，让你的身体慢慢放松，向内看你自己，想想你是谁，5岁的你什么样，现在的你什么样，你最大的变化是什么，你最爱自己的地方是什么，你感激过生命中那么多人，有没有好好感激过自己？

慢慢地放松5分钟，然后提笔给自己写一封信。

千万不要把开头写成“××你好，你是一个什么什么样的人”，这样太公式化，你要像过去给恋人写信那样，温柔地，关爱欣赏地把你对自己的爱表达出来。

就像我的一个学员给我的来信，她在“给自己的一封信”里写道：

当我要给自己写一封信的时候，我确实能流畅地说出自己来自哪里，我笼统地说我自己的优点，善良啦、真诚啦，缺点是懒啦、拖延啦，之后便再也无话可说。这漫长的30多年的人生，我究竟怎么走来的，我再仔细看自己，却看不清楚了。

于是，在伸开双臂，然后用力抱住自己的那一刻，我泪如雨下，我第一次这么真实地感受到自己。我这么娇小柔弱，又这么顽强，我奔走在路上，却从未关心过自己。我看着每件事发生，分析事件后的得失，却不清楚那个奔走的我是为什么快乐，为什么悲伤。认真地聆听，自信地表达，让我更爱自己。首先做一个爱自己的我，才有信心爱更多的人。

还有一名学员的来信写道：

亲爱的娟：

祝贺你“通往幸福的心理课”顺利结束，从7月20日到今天，整整15天，你能一天不落下地坚持每天看视频、听音频学习，记笔记，练习老师布置的作业，我为你有这样的坚持感到高兴、欣慰。

除了坚持这个好习惯外，你最大的改变是能够平静地面对自己的心了，没学习这个课前，你天天焦虑，每天想着男朋友是不是不喜欢自己了，他在干什么呢，给他打电话发信息没回，就想着他为什么要这么对待自己，是不是喜欢上别的人了，他真的是在工作吗？反正每天就是在胡思乱想，非常焦虑，好几个月了对什么都提不起兴趣来，也没个笑脸。15天过去了，我竟然再次看到你阳光般的笑容了，真好。

第一次课上接触“为什么你看不到真相”，知道了你看到的是你想到的，是你过去的经验，是你自己的担心害怕，不一定是真的。你了解到，你的焦虑可能都源于自己的想象，你并没有看到实实在在的真实，所以从心里慢慢说服自己，一点一点把那些无谓的想象从心里慢慢清除。并且根据老师的要求，总结自己的三个优点，老师只让总结三条，可是你生生写下了十多条优点，有工作方面的，有友情方面的，有亲情方面的，有个性方面的，有习惯方面的，有学习方面的，这让你吓了一跳，原来你是这么优秀，那为什么还要在这段恋情中患得患失呢？每天面对着镜子开心地、大声地说出你的优点，你自己可能没发现，你脸上有笑容了，好像也变得自信了。

第二次课学习了“刀子嘴伤人伤己”，你回想与他的往日对话，发现你原来有时也是刀子嘴，并不是原来认为的自己一直很温柔，你也在言语上多次伤害了他，所以当时他的反应都是正常的，而不是你认为的他变心了，不喜欢你的标志。你知道了自己的这个缺点，所以再次沟通时，你开始特别注意说话方式，不再想什么就脱口而出。你发现，你们有不同意见时，也可以很温柔地、心平气和地说话，他反对你的意见时，你也不会刀子嘴了，你们都能够心情平静地沟通。你发现，这样的改变你很喜欢。

第六次课你了解了两性的差异，明白了男女的不同需求，沟通目的和释放压力方式的不同，重要的是，发生矛盾时处理冲突的方式也是不同的。于是你想起你说肚子不舒服时，其实只是想让他抱抱你，安慰安慰你，可是他不停地问你哪里不舒服，怎么不舒服，又是提议去医院，又是给你掐虎口，一番折腾后虽然身体真的舒服了，可是当时你心情不舒服，觉得他不懂你的心，不关心你。可是，听了这次课，你突然发现他没错，他是关心你的，只是和你期望的关心不一样，所以你立马释然了，再想起你们以前的种种，你心里的那点疙瘩突然间就都烟消云散了，心情瞬间由阴云密布转向晴空万里。

第七次课你明白了男女的需求不同，特别是被认可这一点，你从来没满足过他。记得他不止一次对你说“夸夸我吧，鼓励鼓励我吧”，可是，每次你都损他，打压他，他好像没有一次在你这里得到认可。想想自己在这方面的差劲，你恨不得组织一箩筐的赞美和鼓励，马上出现在他面前，一股脑倒给他，让他高兴，让他干劲十足，让他充满自信，反正就是怎么能让他开心就怎么着。你迫切地想去改变自己，所以，你总是期待你们的见面，以饱满的热情、开心的笑脸迎接你们的相处。你发现你们的相处好像更愉快了，你每次都心情愉悦，你很满意你们目前的状态。

每次听课，你都有不同的收获，每次都有改变，你慢慢地也在变，你变得自信，心情愉悦；你又开始努力地练习书法了，每周读一本书的计划可以轻松地完成了；每天记笔记，写随笔，心情日记，以前忽略的事情，发现其实很美好；需要感恩的事情好像也忽然多了起来，每天可写的事情更多了，好像随时都有素材了。这样的变化真的很多，再次祝贺你！

希望过段时间再看这封信，你会变得更自信，更有魅力，更优秀，你的爱情也依然甜如蜜。

我不知道你看到她们给自己写的信有什么感觉，我第一次看到这些信的时候，感觉到了满满的爱意，一个人从对自己苛刻变得更加懂得关爱自己，从对生活惊慌失措，变得越来越轻松自如地生活，这些都是因为她们坚定地选择了自己想要的幸福，并为自己的幸福付出了努力。

后记

幸福面前，岁月也要放慢脚步

很多人都是通过电视节目认识我的，从《鲁豫有约》到《幸福来敲门》《爱情保卫战》《真爱我做主》，细数过来，我居然已经参加过几十档电视节目了。在这些节目中，我基本都是以情感心理专家的身份出现，为有困惑的人理清思路和方向。不知不觉间，已经在电视这个平台接触了许许多多的人和事。

电视节目播出后，经常有观众给节目组打电话，说喜欢节目中那位年轻美丽又专业的心理咨询师。哈哈，每次听到节目组的人向我转达这些消息，我就非常开心，我很高兴自己的专业能力能得到大家认可，也很欣慰自己能帮助到大家。

也有很多观众、学员对我的个人经历很好奇，想知道我是如何走进心理咨询这个行当的。其实打小我就对心理学非常痴迷，阅读了大量心理学书籍。我大学读的是医学专业，但本着医身不如医心的想法，还是铆着劲考进了中国科学院心理研究所，主攻婚恋家庭咨询。在这期间，我成为了《婚姻家庭咨询师（三级）教材》考试用书的编委，也算是对自己专业能力的一次肯定。

后来，机缘巧合下，我加入了百合网，成为一名婚恋专家，开始真正接触实务中的婚恋心理咨询。

2010 年，我在婚姻情感咨询方面已经做得风生水起，成为了百合网研究院的院长，更是常常在荧屏报刊上露面，我开始把目光更多地放在女性幸福和情绪的问题上，发现了情绪管理对生活和人生的影响，并在实践中总结出女性如何才能在爱情婚姻中做自己，获得幸福的生活。

参加《鲁豫有约》时，就有不少人咨询我是不是有什么保养秘籍，直到如今，依然有很多学员会向我请教保养的方法。可能在他们看来，我真的不像一个 40 多岁的人吧。

但我还是要说，我不进美容院，不打美容针，也从来没整过容。如果真的要说保养秘籍，那就是心态好，会做情绪管理吧。保持积极的心态，做好情绪管理，让我能随时保持年轻活力，把负面情绪转化成为动力和能量，更有魅力。

2017 年，我离开百合网，出来创业，从事的依旧是情感心理咨询、培训工作。在专注婚恋心理 11 年后，我开发设计了国内首个“魅力爱人成长计划”培训班，主讲上百场大型讲座，帮助数千位咨询客户，咨询时长超过 10000 小时。

如今，我 42 岁，哪怕在创业期间很忙，压力很大，但我仍旧保持着年轻活力的心态，随时能露出灿烂的笑靥，也常常被人说“身上依然看不到岁月的痕迹”，哈哈。

也许，正是因为接触了太多情感案例，懂得了幸福的方法，我才能像大家说的这样“隔离了岁月，放缓了年华”吧（哈哈，这么说自己，还有点不好意思）。

到这里，这本书的内容就结束了，谢谢你读完这本书，坚持做完练习，也谢谢你认真地陪伴。在这个过程中，你不仅陪伴了自己，还陪伴了很多像你一样认真努力的人。

虽然这本书的内容结束了，但这只是书的结束而已。从合上书的这一刻开始，对你而言，就是未来幸福生活的起航点。通过这段时间的学习，你已经具备充足的自我能量，在感染自己的同时，也感染到了你身边的人。所以，让我们从明天起，做一个幸福的人！

图书在版编目（CIP）数据

从明天起，做一个幸福的人 / 周小鹏著. 一南京：江苏凤凰文艺出版社，2018.1

ISBN 978-7-5594-1384-0

Ⅰ.①从… Ⅱ.①周… Ⅲ.①幸福-通俗读物 Ⅳ.①B82-49

中国版本图书馆CIP数据核字（2017）第276879号

书　　名	从明天起，做一个幸福的人
著　　者	周小鹏
责任编辑	孙金荣
策划编辑	贺　楠
特约编辑	王青青
责任校对	孔智敏
封面设计	赵　博
内文插图	瑞瑞君
出版发行	江苏凤凰文艺出版社
出版社地址	南京市中央路165号，邮编：210009
出版社网址	http://www.jswenyi.com
印　　刷	北京市雅迪彩色印刷有限公司
开　　本	880毫米×1230毫米 1/32
印　　张	9
字　　数	250千字
版　　次	2018年1月第1版 2018年1月第1次印刷
标准书号	ISBN 978-7-5594-1384-0
定　　价	45.00元

从明天起，

愿你能面朝大海，春暖花开